太原科技大学博士科研启动基金（20222029）
来晋工作优秀博士奖励基金（W20232014）
山西省哲学社会科学规划课题（2023YY177）

工业产品设计
创造美好生活

樊佳爽作品选暨产品概念设计方案库

樊佳爽　著

U0280886

西北大学出版社

·西安·

图书在版编目（CIP）数据

工业产品设计创造美好生活 / 樊佳爽著. -- 西安：
西北大学出版社， 2024.11. -- ISBN 978-7-5604-
5534-1

I. TB472

中国国家版本馆 CIP 数据核字第 2024ZL7024 号

工业产品设计创造美好生活
GONGYE CHANPIN SHEJI CHUANGZAO MEIHAO SHENGHUO

樊佳爽　著

出版发行	西北大学出版社	
地　　址	西安市碑林区太白北路 229 号	
邮　　编	710069	
电　　话	029-88303940	
经　　销	全国新华书店	
印　　装	西安博睿印刷有限公司	
开　　本	880 毫米×1230 毫米　1/16	
印　　张	13.5	
字　　数	218 千字	
版　　次	2024 年 11 月第 1 版　2024 年 11 月第 1 次印刷	
书　　号	ISBN 978-7-5604-5534-1	
定　　价	39.80 元	

如有印装质量问题，请与本社联系调换，电话：029-88302966。

前 言 »»»

　　随着社会的发展和科技的进步,工业产品设计已成为企业乃至全社会提高创新能力的重要选择和途径。产品设计是工业设计的主体,好的设计可以创造性地使产品与使用者之间实现有效匹配。产品设计师不但负有设计产品的职责,更肩负着为人类设计新的生活方式、为社会设计新环境和新未来的责任。工业产品设计不仅可以满足人们对工业产品的功能需求、审美需求和情感需求,还可以拓展设计的内涵与外延。运用科技与艺术相结合的方式,进行以用户为中心的工业产品设计,提供质量与审美俱佳的优质产品,推动文化创意、设计服务与相关产业融合发展。

　　本书基于美学、心理学、设计学等交叉学科和创新设计、协调设计、可持续设计、绿色设计等理念,对多种类型的工业产品设计进行展示,包括家具产品、收纳产品、家居产品、厨具产品、学习用品、玩具产品、交通工具产品、小型机器及其他产品,为构建科学、可靠、全面、高效的产品概念设计方案数据库提供资源。产品概念设计方案数据库的建立有助于实现产品设计资源的集聚与共享、设计流程的合作与共赢。通过设计资源整合与设计需求匹配,有效支持制造业转型升级。

樊佳爽

2024 年 3 月

目录 | CONTENTS

第四部分　计算机辅助工业产品设计作品暨产品设计数据库 / 85

| 第一部分 |

工业产品设计概述

随着信息技术的发展，云计算、大数据、物联网等新技术相继出现，先进制造、数字化、智能化发展战略被提出，带来新的设计思维。工业产品竞争走向软硬一体化的整合竞争，工业产品设计也由以专业设计师为主导向以用户为中心和用户参与转变，"用户需求"逐渐成为设计的关键词，并呈现出未来设计的创新趋势。

一、工业产品设计的内涵和特征

（一）工业设计与工业产品设计

工业设计旨在通过其输出物（产品、服务、设计等）创造一个更加美好的世界。产品设计是工业设计的核心内容，其目的是创造性地使产品与使用者之间实现最佳匹配。产品设计既要迎合人们对物质功能的需求，又要满足审美的需要。

工业设计起源于英国，发展于美国。[1]早在1970年，国际工业设计协会就为工业设计下了一个完整的定义："工业设计，是一种根据产业状况以决定制作物品之适应特质的创造活动。适应物品特质，不单指物品的结构，而是兼顾使用者和生产者双方的观点，使抽象的概念系统化，完成统一而具体化的物品形象。"其后，工业设计的定义经历了数次变更。

2015年，国际工业设计协会正式更名为世界设计组织，并公布了工业设计的最新定义："（工业）设计旨在引导创新、促发商业成功及提供更好质量的生活，是一种将策略性解决问题的过程应用于产品、系统、服务及体验的设计活动。它是一种跨学科的专业，将创新、技术、商业、研究及消费者紧密联系在一起，共同进行创造性活动，并将需解决的问题和提出的解决方案进行可视化，重新解构问题，还将其作为建立更好的产品、系统、服务、体验或商业网络的机会，提供新的价值以及竞争优势。（工业）设计是通过其输出物对社会、经济、环境及伦理方面问题的回应，旨在创造一个更好的世界。"

工业产品设计包括从明确设计目标、任务开始到确定产品具体结构为止的一系列活动，指根据用户需求，对产品造型、结构、功能等进行综合性设计，以生产满足各种需要的实用、经济、美观的工业产品。它既不是纯工程的设计，又不是纯艺术的设计，而是二者的融合，一方面要以结构合理、功能实用为基础，另一方面又要兼顾审美，注重美观大方。工业产品设计要做到工程技术与美学艺术并重，从而为社会提供物质功能与美学功能兼备的工业产品。随着社会的发展，工业产品设计开始更多地注重创造产品、关注用户体验和产品功能，也更注重创造解决方案，将产品设计理念和原则应用到实际的工业生产中，关注产品材料选择、结构设计、生产工艺等。工业产品设计借鉴相关设计方法和技术，提高产品附加值，增强产品的市场竞争力，进一步推动工业产品制造的发展和创新。

---

[1] 何人可. 工业设计史［M］. 5版. 北京：高等教育出版社，2019.

（二）工业产品设计的特征

工业产品设计的特征主要表现为：

1. 人性化

在工业产品设计中，基于设计心理学、设计哲学、设计美学、人机工程学等学科，对产品进行人性化设计，使之更好地为人服务。

2. 绿色化

在工业产品设计中，基于生态哲学，并综合考虑产品资源低消耗、可拆卸、回收再利用等特性，以环境保护为核心进行产品设计。

3. 数字化

在工业产品设计中，基于计算机、大数据、虚拟现实等技术，融合数字科技，对产品设计进行数字化过程管理，包括从草图、模型到生产的全过程。

4. 系统化

在工业产品设计中，集成工业设计、计算机、工程设计、设计哲学、美学等知识系统，构建集产品功能、结构、材料、形态、色彩、人机、评价等因素于一体的系统化设计。

5. 智能化

在工业产品设计中，利用机器系统和人工智能技术，模拟人类专家进行产品设计分析、推理、判断和决策。通过智能化设计和迭代，寻找产品设计优化方案。

6. 集成化

在工业产品设计中，集成多种设计技术方法、信息资源、人才团队、服务过程、软件系统等，进行产品优化和创新设计。

7. 网络化

在工业产品设计中，基于网络拓扑结构实现设计资源的共享和协同。通过网络化设计，提高工业产品的设计质量和效率。

二、工业产品设计的内容

工业革命以后，随着社会的发展与进步，大批量生产的工业产品已不能满足人们的审美和情感需求，设计的内涵与外延也在不断拓展，为现代工业产品设计的出现与广泛运用提供了契机。

工业产品设计所涉及的内容相当广泛，包括形态设计、色彩设计、人机设计、设计评价、设计管理、服务设计、文化设计、设计表现、材料与工艺设计、设计思维、分析设计、结构设计、改良设计、创新设计、展示设计、智能制造、交互设计、体验设计、语义设计等。

（一）工业产品形态设计

社会物质的极大丰富加剧了技术和功能的同质化，产品之间的竞争已不只是性能、功能和价格的较量，更加强调产品品牌创新的竞争。产品形态是产品物质载体和精神载体的统一，也是用户和设计师之间沟通的重要媒介。产品形态可以传达产品属性、产品功能、产品结构等信息，还可以触动用户的情感和心智。在众多同类产品的竞争中，独特的产品形态可以使产品从众多竞争对手中脱颖而出。

（二）工业产品色彩设计

色彩设计是影响工业产品视觉效果的重要因素。产品色彩可以直接吸引消费者的注意，给人留下深刻印象。色彩作为一种特殊的视觉符号，可以传达产品主体的内容与功效。根据色彩科学的内涵及色彩规律，运用色彩种类、属性等要素，利用色彩对比、色彩调和表达情感，反映产品材料、工艺、人机关系、企业形象等方面的需求。同时，灵活运用自然和生活中的色彩进行重构表现，更好地进行工业产品设计。

（三）工业产品人机设计

工业产品人机设计基于人机工程学，也是人、机器、环境发生交互关系的具体表达形式。人机设计以用户需求为出发点，充分发挥人机效能，强调机器和环境条件的设计应以人为本，以保证操作简捷省力、迅速准确、安全舒适，使整个系统获得最佳经济效益和社会效益。在工业产品的人机设计中，不仅要考虑人体尺度和人体结构因素，还要考虑人体动作域，即人体活动的三维空间范围。为提高工业产品的整体舒适度，产品人机设计需要考虑环境因素，还要兼顾体感舒适性和视觉舒适性。

（四）工业产品设计评价

工业产品设计评价是一项系统性的认知和决策过程，广泛应用于统计学、运筹学、信息科学等领域，主要包括评价流程、评价方法、指标权重、评价目的、评价数据处理和综合评价应用等。在评价过程中，以评价客体为分析对象，遵循可行性、科学性和系统性原则，通过全面衡量评价客体的综合特征，构建涵盖评价体系、评价指标、评价方法与技术等方面的综合模型，引导工业产品设计评价的科学发展方向。

（五）工业产品设计管理

在工业产品设计管理活动中，设计决策的正确与否将直接影响工业产品设计能否获得成功、设计目标能否达到、企业经营能否卓有成效。要正确理解设计，逐步导入设计，把企业设计决策融入产品设计中，同时将创新思想与意识体现在对产品设计、开发各阶段的具体管理过程中。

（六）工业产品服务设计

工业产品服务设计是设计研究和实践的新兴领域。服务设计要求洞察、理解客户需要，打造富有创造力的服务团队，最终实现趋于完美的用户体验。在考虑社会、健康、安全、法律、文化、环境等因素的前提下，设计针对复杂问题的解决方案，设计满足特定需求的产品和服务方案，并在设计环节中体现创新意识。结合数字化和网络化，进一步完善设计服务。

（七）工业产品文化设计

文化无处不在，工业产品是文化传播的重要载体。通过文化设计，可以了解产品的文化要素，提升产品的审美水平，通过产品传承文化的精神内涵。利用文化产品设计的相关方法进行工业产品设计实践，解决实践过程中的问题，不断为中华文化注入新的生命力，增强文化自信。为工业产品注入文化内涵，有助于建立企业的良好形象和口碑，连接产品文化与用户情感，打造符合消费者需求、体现时代精神的产品文化，提升工业产品的附加值和竞争力。

（八）工业产品设计表现

工业产品设计表现是运用不同的工具材料，以多种表现技法进行手绘或计算机辅助表现的设计。在产品手绘表现中，利用马克笔、彩铅、签字笔等不同工具，运用艺术表现技法进行设计构思表达，展现设计思想和设计理念。在计算机辅助表现中，利用 Photoshop、CorelDRAW、Illustrator 等二维设计软件和 Creo、Rhino、Solidworks、Unigraphics 等三维设计软件进行新产品设计活动，提高创作效率，适应现代设计要求。

（九）工业产品材料与工艺设计

材料是工业产品设计的物质基础和载体。产品材料与工艺设计涉及塑料、金属、木材、陶瓷、玻璃等材料的基本属性特征及加工工艺的工程技术知识。掌握与产品材料相关的基础知识（如金属、塑料的表面处理，铝及铝合金制品的阳极氧化处理等），解决工业产品创新设计过程中所涉及的材料与工艺问题，创造满足用户不同需求的绿色可持续产品。

（十）工业产品设计思维

工业产品设计思维对工业产品设计至关重要。学习产品设计概念、设计思维、功能论、系统论、人性化和商品化的设计理念，以及设计调查、设计方法、设计评价、设计管理等内容，以系统论的观点，科学地分析用户需求，解决问题。基于用户思维和数据思维发现问题，结合本质思维分析问题，通过效率思维解决问题，把问题解决方案产品化，站在用户的角度思考并解决问题。

（十一）工业产品分析设计

通过工业产品分析设计对相关数据进行有效采集和分析，运用数据分析解决设计中的实际问题。利用观察、单人访谈、问卷调查、焦点小组等数据采集方法，获得定性、定量等不同类型的产品数据，再利用相关数据统计软件对这些数据进行整理。基于知觉图、鱼骨图、情景分析法等数据分析方法，对产品市场（如市场需求、产品策略、定位分析）和用户（如用户群、心理特征、用户体验）进行全方位的比较分析，为后续产品的设计与开发奠定基础。

（十二）工业产品结构设计

工业产品结构设计与工业设计、工业工程密切相关。通过了解工程力学和材料力学，认识工业产品设计中常见的机器和工艺装备，了解产品相关材料与成型加工工艺、不同产品的连接结构（如堆叠、折叠、拆装、伸缩、柔性结构等），以及产品基本制造工艺和电子电路的基础知识，为后续产品设计与制造研究奠定基础。

（十三）工业产品改良设计

通过改良设计对设计思维、程序及过程进行系统优化，判断实际设计过程中产品要素的优劣，并对其进行取舍与重组。重点对产品用户分析（如人机交互界面分析、使用情景分析、使用方式研究）、产品要素解析（如产品形态要素解析、产品功能要素解析、产品结构要素解析）、产品设计评价（如产品设计过程评价、产品设计方案评价、产品设计对象评价）等方面进行改良设计，为后续工业产品的创新设计与开发奠定基础。

（十四）工业产品创新设计

工业产品创新设计的过程是一个发现并解决问题的过程。从创新思维出发，从造型形态、产品功能、材质、结构等多维角度开展工业产品设计。运用发散思维和逆向思维，结合系统分析法、群体思维法、智力激励法、组合创新法、反求创新法等方法提高产品设计创新分析能力、理解能力、计划能力、综合思考能力和创新实践能力。工业产品创新设计可为用户带来更好的产品体验和更高的生活品质。

（十五）工业产品展示设计

工业产品展示设计是一门综合艺术设计，它的主体为工业产品。通过工业产品展示设计，运用各种表现形式和方法，综合视觉、听觉、触觉等多维感官信息，营造独特的产品展示空间（包括产品规划、产品主题发展、展示灯光、展示说明、标志及附属空间等），从而将产品信息准确地传达给用户。

（十六）工业产品智能制造

工业产品智能制造是以先进的信息技术和自动化技术为依托，利用数字化、网络化和智能化手段，通过人、机、环境的相互配合与相互协调，从用户需求出发，实现产品技术与经济效益的稳步提高。工业产品智能制造包括产品设计与开发（如计算机辅助设计、计算机辅助工程、计算机辅助制造）、产品生产与优化（如产品智能管理、产品资源调度与协调、产品服务与维护）等。

（十七）工业产品交互设计

工业产品交互设计是一个跨学科课题，涉及设计、人机交互和行为学等多个领域。交互设计以用户需求为出发点，为改进用户体验，全面构建交互式产品服务系统框架，理解用户需求，通过参与式设计、访谈、问卷调查等方式和数据分析等交互设计过程，为用户创造更加优质的产品和服务，提高用户对产品的满意度。

（十八）工业产品体验设计

工业产品体验设计是一种以用户为中心的设计方法。为了创造出让用户在使用过程中感到愉悦和有意义的产品或服务体验，设计产品时不仅要考虑产品的形态和功能要素，还要协调产品与使用者之间的相互关系，最大限度地设计出满足用户需求、市场需求和生态需求的产品，以用户为中心，追求简洁、直观和愉悦的产品使用过程。

（十九）工业产品语义设计

产品语义是研究产品语言的重要依据。产品语义的理论架构始于德国乌尔姆设计学院的"符号运用研究"。工业产品语义设计原则包括符合产品的功能和目的、符合形式美法则、符合人的生理心理特征和行为习惯、符合特定地域人群的民俗文化、把握时代感和价值取向、突出用户主体语意的诉求、与既有产品形成一定的语意延承。

综上所述，工业产品设计作为工业设计的核心内容，是一种创造新产品的设计活动，是涉及美学、心理学、设计学等不同领域的交叉性综合学科，通过科学技术与文化艺术相结合的方式，进行工业产品的创造性设计。

三、工业产品设计的理念

工业产品设计的理念包括创新设计理念、协调设计理念、可持续设计理念、绿色设计理念、模块化设计理念、以人为本的设计理念、简约设计理念、情感设计理念、差异化设计理念、人机交互设计理念、形式服从功能的设计理念、仿生设计理念、需求设计理念、美学设计理念等。[①]

（一）创新设计理念

创新是社会进步的重要驱动力。创新思维是一种提出新见解、新方法的思维方式。在工业产品设计过程中，要注重多学科研究的共同发展，利用新理念、新技术实现创新应用，追求新

---

① 李彦. 产品创新设计理论及方法 [M]. 北京：科学出版社，2012.

颖、独特、具有竞争力的产品形象，推动企业技术创新、品牌创新、管理创新，突破传统思维和设计局限，引领市场潮流。

（二）协调设计理念

在工业产品设计中，不仅要考虑产品的形态和功能要素，还要协调产品与使用者之间的相互关系，寻求质量优化和功能升级。通过产品形态和功能的最佳匹配，最大限度地降低生产成本，开发满足用户需求、市场需求和生态需求的产品。通过人－机－环境的相互配合与协调，以用户需求为出发点，实现产品技术和经济效益的稳步提高。[①]

（三）可持续设计理念

1987 年，世界环境与发展委员会发表《我们共同的未来》，提出"可持续发展"的理念。以此为依据的可持续设计不仅要求根据用户需要和市场需求将产品的美观性、功能性、趣味性等纳入考量，更要重视经济、社会与环境的可持续发展。与这一理念相关的设计概念有绿色设计、低碳设计、循环设计等。

（四）绿色设计理念

绿色设计理念要求在产品的整个生命周期中，重点关注产品的环境属性，并将其作为设计目标之一，综合考虑环境、文化、社会等多种要素。在满足环境要求的同时，在遵循可拆卸、可回收、可维护、可重复利用等原则的基础上，保证产品应有的功能、质量、性能等。该理念强调在不影响人类生活品质的前提下合理有效地利用现有资源，开展既环保又能实现产品价值的设计活动。

（五）模块化设计理念

模块化设计理念是一种将系统或整体拆分成多个独立模块的设计方法。工业产品的各个模块具有不同的功能，若某个模块发生故障，只需对此模块进行小范围调整或更换。这种理念使产品的维护、修理更为便捷。采用模块化设计，不仅能够提高产品外观设计的灵活程度，提高整个系统的复用率和可扩展性，还能提高产品的质量和可靠性，降低成本。

（六）以人为本的设计理念

以人为本的设计理念强调用户体验，以用户需求为中心，通过深入调研，完善产品功能，简化使用流程，强化产品的易用性和便利性。灵活运用设计思维，研究、发掘用户的真实需求，设计美感与实用性兼备、用户体验优秀的产品。

---

① 季铁，闵晓蕾，何人可. 文化科技融合的现代服务业创新与设计参与［J］. 包装工程，2019（14）：45—57.

（七）简约设计理念

简约设计理念追求简洁性和实用性，去除冗余元素和烦琐的装饰细节，突出产品的实用性、功能性、舒适性。简约设计的目标是提高产品品位、品质和用户体验，增强产品的可读性和易用性。

（八）情感设计理念

情感设计理念注重用户对产品的情感表达和体验，通过色彩、材质、形态等产品元素，打造符合用户审美和情感诉求的产品外观。利用视觉（如浓艳的红色、清新的蓝色）、触觉（如光滑感、肌理感、粗糙感）等传递与设计相关的情感体验，在设计层面唤起用户的真情实感和共鸣，提升用户体验并影响用户认知，进而引发用户的购买行为。

（九）差异化设计理念

在工业产品设计过程中，依据不同用户的需求和偏好，突出产品个性，进行差异化设计。通过对用户需求进行深入探索，挖掘品牌文化，明确市场定位，为用户提供更加实用且具个性化特色的多元化产品。

（十）人机交互设计理念

在工业产品设计中，以用户需求为出发点，充分发挥人机效能，突出产品设计的人机适应性、安全性、可靠性、功能性、通用性、舒适性。考虑到工业产品设计的工作环境和任务需求，强调产品和环境的设计应服务于人（如操作简捷省力、迅速准确、安全舒适），提升人的生活品质和工作效率。

（十一）形式服从功能的设计理念

形式服从功能这一设计理念最初由路易斯·沙利文（Louis Sullivan）提出。他强调建筑设计应遵循功能需求，而不是单纯追求外在的形式美。在工业产品设计中，应以创造人类美好生活为目标，寻找形式与功能之间的平衡点，提高产品品位、品质和用户体验，创造出兼具美观性和功能性的产品。

（十二）仿生设计理念

仿生设计理念源于对自然的深入研究，通过学习、模仿自然界的演化过程与结果，强调与自然界的和谐共生，追求最佳的产品结构和产品功能的有效组合，实现产品设计的可持续发展，提升设计效率和产品性能。例如仿海洋生物造型的船舶设计、仿鸟类造型的飞行器设计等。

（十三）需求设计理念

需求设计是产品生命周期的起始阶段。在工业产品设计中，必须挖掘需求、收集需求，并对不同类型的需求进行分层分类整理。例如，利用卡诺模型（KANO Model），将需求信息分为基本型需求（即必备需求）、期望型需求（即期望需求）和兴奋型需求（即超出预期需求）；又如，马斯洛需求层次理论将需求划分为生理需求（包括食物、空气、水等）、安全需求（包括人身安全、环境安全等）、社交需求（包括友情、亲情、爱情等）、尊重需求（包括成就、地位等）和自我实现需求。根据不同程度的需求，进行有针对性的重点应对和处理。

（十四）美学设计理念

美学设计理念是一种追求审美价值的设计理念。运用比例与尺度、对称与均衡、轻巧与稳定、对比与调和、节奏与韵律、呼应与过渡、主从与重点、概括与简洁、比拟与联想、变化与统一等形式美法则，对工业产品设计中的形态美、色彩美、材质美、人机美、结构美、技术美、工艺美等进行研究和探索。①在工业产品美的创造中，选定设计对象，明确设计需求，选择相应的形式美法则，提出设计方案，采用合适的设计表现手法，优化完善产品设计方案，实现功能与审美统一的产品设计。

工业产品设计理念丰富多样，综合、合理运用恰当的设计理念进行工业产品创新设计，对企业、消费者乃至整个社会的发展都具有十分重要的意义。

四、工业产品设计的创新思维

在工业产品设计中，创新思维发挥着重要作用。具有独创性、联想性、求异性、发散性、新颖性、灵活性、艺术性、探索性特征的创造性思维，可以帮助设计师实现思维飞跃，提高工业产品设计的效率和质量。工业产品设计的创新思维主要有发散思维、多向思维、转向思维、对立思维、逆向思维、联想思维等。

（一）发散思维

发散思维又称扩散思维，在创造性思维中占有重要地位。发散思维表现为多维发散状思维模式，以某一问题为中心，基于不同角度和层次，向外扩散并寻求多种设想、办法或方案。

（二）多向思维

多向思维主要从不同角度、不同方向和不同层次进行思维判断和分析。通过多向思维步步深入，才能准确把握事物发展的方向和规律，设计出具有创新性、实用性、经济性、审美性特征的人性化、绿色化、数字化、系统化、集成化、智能化工业产品。

---

① 杨海成，陆长德，余隋怀. 计算机辅助工业设计 [M]. 北京：北京理工大学出版社，2009.

（三）转向思维

转向思维是指在一个思维路径受阻的情况下，通过改变方向，寻找新的解决办法。在工业产品设计中，及时转向可以有效改变有局限性的传统思维方式，从另一个角度看待问题，提高设计方案的变通程度。

（四）对立思维

对立思维又称二元对立思维。在工业产品设计中，将复杂问题归纳为相互对立的两个观点，利用对立的思维方式简化复杂的设计问题，便于对产品设计进行有效分析和决策。

（五）逆向思维

逆向思维也称求异思维，是从相反方向进行思考探究的思维方式。在工业产品设计过程中，通过"反其道而行之"的思维方式，找到工业产品设计的突破点，获得设计灵感，实现创新发展。

（六）联想思维

联想思维是一种由此及彼、由表及里、举一反三的思维方式。在工业产品设计过程中，通过这种思维方式，打开设计新思路，从而获得新的设计路径和设计方案。

此外，工业产品设计的创新思维还包括原点思维、换元思维、收敛思维、想象思维、直觉思维、灵感思维、类比思维等。

五、工业产品设计的创新理论

工业产品设计的创新理论包括发明问题解决理论、数量化理论、质量功能配置、卡诺模型、基因网络理论、人机工程学理论、感性工学理论、生态设计理念、证据理论、生命周期评价理论、效用理论等。

（一）发明问题解决理论

发明问题解决理论是由苏联学者阿利赫舒列尔（G. S. Altshuller）在研究大量高水平专利的基础上，提出的一种以解决发明问题冲突为目的，可缩短产品开发周期、提高产品开发效率的系统化创新方法理论系统。①

发明问题解决理论是一种集多学科领域知识为一体、以技术系统进化理论为核心的解决设计冲突的创新方法理论。它将广泛存在于产品设计中的冲突进行识别与分类，利用冲突分析工

---

① 赵峰. 创新思维与发明问题解决方法［M］. 西安：西北工业大学出版社，2018.

具（冲突矩阵、物质-场模型、发明问题解决算法等）对冲突进行有序、有条理、层次化的分析判定，以发明原理、标准解、知识效应库等作为解决冲突问题的工具。冲突的有效解决，是产品创新设计的重要过程。

利用发明问题解决理论所提出的一系列基于知识分析、问题解决的工具，可有效发现产品设计中存在的冲突并求得创新解，为产品概念设计指明方向。

（二）数量化理论

数量化理论是实现定性分析与定量分析之间有效转化的统计方法。在工业产品设计中，结合数量化理论，可以对评价对象各个环节中的每一影响因素进行定量分析，研究各因素之间的数量关系和变化规律。

（三）质量功能配置

质量功能配置是用于探索用户需求的经典工具，最初由日本学者提出，20世纪80年代后在世界范围内迅速传播。该理论以满足用户需求为出发点，在产品开发过程中对实现用户需求与产品属性的连接具有重要的现实意义。

质量功能配置是一种把顾客需求转化为产品设计要求、以质量屋矩阵为发现问题工具的分析理论方法。众多企业在质量功能配置的指导下，设计、开发出具有市场竞争力、广受顾客喜爱的产品，在最大化满足顾客对产品真实需求的同时，缩短了产品设计周期，降低了生产成本，对产品开发有着重要的现实意义。如福特公司、通用汽车公司、惠普公司都采用质量功能配置理论进行产品开发和设计，并取得成功。

质量功能配置也有一定的局限。由于顾客需求在产品设计开发中居于重要地位，顾客需求信息的全面获取和准确分析，对后续的工作有着至关重要的意义。若前期顾客需求信息及其分析结果不甚准确，则会影响产品设计开发的有效性和可行性。

（四）卡诺模型

卡诺模型是东京理工大学教授狩野纪昭提出的重要理论模型，通过对用户需求进行分类和优先排序，探寻产品性能与用户满意度之间的非线性关系，以分析用户需求。

卡诺模型从用户角度认识产品或服务需求，将产品功能特性分为必备属性、期望属性、魅力属性、无差异属性和反向属性。若产品或服务除了必须具备的功能或特性，还带有用户期望的其他功能或特性，或超出用户预期的功能或特性，则用户的满足度会大幅提升；反之，若产品或服务与用户满意度呈反向相关，则会使用户满意度降低。

（五）基因网络理论

基因网络工具丰富多样，包括基因网络获取工具、基因网络分析工具、基因网络表达工具等。工业产品设计涉及心理学、社会学、美学和人机工程学等多个领域，利用基因网络工具可实现对产品造型、色彩、结构和功能等方面的有效探索。

（六）人机工程学理论

人机工程学理论涉及用户需求与行为分析，以提升用户体验、提高开发效率、增强产品可用性为目标。人机工程学理论重视用户认知和心理，可以帮助产品设计师了解用户的需求和期望，完善人机界面设计和交互体验，提升用户体验。该理论综合生理学、心理学、医学等领域的相关科学知识，研究构成人机系统的机器与人的相互关系。三维人体扫描仪、运动捕捉仪、眼动仪、生理多导仪、座垫压力仪等设备可以帮助设计师进行产品人机工效分析，通过优化人机交互界面和工作流程，减少操作时间和错误，提高工作效率。

（七）感性工学理论

感性工学理论是一种运用工程技术手段探讨人与物之间关系的理论，是研究如何将人的主观因素（如感性、情感、审美等）转化为可量化工程技术（如产品设计要素、产品技术特征、产品评价指标等）的学科。

通过分析人的感性需求，结合多种方法（如多维尺度分析法、聚类分析法、帕累托图分析法等），将设计需求转化为设计要素，从而创造出更加符合用户情感期望的产品。

（八）生态设计理论

生态设计理论是指在产品的整个生命周期，应充分考虑其安全性、实用性、美观性、经济性、环保性，以资源节约和环境保护为宗旨，强调将自然系统与人类活动有机结合，针对工业产品的材料选择和加工、能源消耗和再利用、可持续和服务设计等进行探究。

（九）证据理论

证据理论是一种基于"证据"和"组合"处理不确定性推理问题的数学方法，适用于信息融合、专家系统、情报分析、多属性决策等领域。证据理论的优点表现在无须知道先验概率，具有直接表达不确定性的能力；其缺点表现在要求证据必须是独立的，证据合成规则缺少一定的理论支持。

（十）生命周期评价理论

生命周期评价是评价产品或服务从概念设计、生产制造到销售、维护的整个生命周期的过程。生命周期评价理论在企业材料选择、生产工艺、环境管理等方面有着实际应用。

生命周期评价的基本步骤包括目标和范围定义（确定评价目标及决策信息）、信息分析（收集并分析数据）、生命周期影响评价（识别影响类型，并进行特征化和量化评价）和改善评价（识别产品或服务的薄弱环节和潜在改善机会）。

（十一）效用理论

效用理论是综合效用主义哲学、基数效用论、序数效用理论、显示偏好理论、期望效用论等一系列理论的系统方法，适用于消费品及产品决策（包括设定问题、理解问题、确定备选方案、评估备选方案、选择并实施全过程决策）、产品预测等工作。

效用理论应用的基本步骤包括构成决策问题（为问题提供决策，确定目标），确定决策可能产生的后果及其发生概率，确定决策人偏好并对效用赋值，评价和比较决策，依据决策的期望效用选择最优方案。

此外，工业产品设计理论还包括色彩学理论、材料学理论、数字化设计理论等。

六、工业产品设计方法

工业产品设计方法丰富多样，有头脑风暴法、5W2H法、六西格玛方法、形状文法、产品族划分法、产品语义分析法、多维尺度分析法、聚类分析法、帕累托图分析法等。

（一）头脑风暴法

头脑风暴法是一种鼓励最大限度地产生新设想，运用直觉思维和发散性思维进行问题求解的方法。头脑风暴法基于心理学和行为科学理论，突破设计者原有学科知识的限制和思维障碍，增强解决问题的创新性。通过激发团队成员的想象力和创新思维，产生新的想法和解决方案。步骤包括确定议题、选择参与者、积极思考、开展自由讨论、畅所欲言、将想法转化为解决方案。

（二）5W 2H 法

5W2H法又叫七问分析法，指在设计过程中，设计师可从七个方面出发思考和解决问题。"5W"即 what、why、who、when、where，"2H"即 how、how much（many），"5W2H"就是做什么、为什么做、谁去做、何时做、何地做、怎么做、成本是多少。基于上述问题，形成系统的设计结果。

（三）六西格玛方法

六西格玛方法是一种在提高产品质量、可靠性的同时降低成本、缩短研发周期的有效方法，也是一种以数据为基础的质量管理方法，已成功运用于多个行业企业的商业管理策略。六西格玛设计采用IDDOV流程，即识别（Identify）、界定（Define）、设计（Design）、优化（Optimize）、验证（Verify）。六西格玛法是一种统计评估法，既着眼于产品或服务的质量，又重视过程改进，强调对消费者需求的准确定义与量化描述，在每一阶段都有其明确目标及相应的工具或方法辅助。

（四）形状文法

形状文法（Shape Grammar，SG）是一种常用的图案设计方法，它将自然语言元素替换成形状变化规则，使图案能继承相似形状的视觉风格和象征符号。形状文法推演包括置换、增删、缩放、旋转、复制、错切、镜像、贝塞尔曲线等。形状文法的四元组公式为 $SG=(S, L, R, I)$。其中，S 代表形状的有限集合，L 代表标记（符号）的有限集合，R 代表推演变换规则的有限集合，I 代表推演前图案的有限集合。

（五）产品族划分法

在产品形态研究中，借鉴生物学中的"基因"概念，从工业设计的角度出发，对产品形态的构成要素与生物基因的构成要素进行比较分析，将产品族模块运用于产品设计。产品族划分要求依据用户需求及基于用户需求分析所形成的结构功能，通过建构模糊关系数据聚类算法，以少量的模块配置，生成多样化产品。其实质是实现对需求的定制设计。

（六）产品语义分析法

产品语义分析的核心在于识别和分析产品设计中的语义元素。从设计角度来看，产品语义是利用物体的形状、色彩、质感、结构等特征为产品"添加"意义联结，使产品设计更加合理、人性、美观，也使产品与使用者之间的沟通更加顺利、明晰。产品语义不仅要符合产品的功能和目的，符合形式美法则，符合人的生理、心理特征和行为习惯，符合特定地域人群的民俗文化，把握时代风向和价值取向，突出主体语意的诉求，还要与既有产品形成一定的语意延承。

（七）多维尺度分析法

多维尺度分析法是感性工学中的重要方法之一，也是应用于社会学、心理学等领域的多重变量分析方法。该方法以用户的感性需求为基础，为辅助设计师寻找产品设计策略提供参考。通过多维尺度分析法，设计师可将多维空间数据转化为二维空间数据，对工业产品的意象偏好程度进行科学的量化分析与处理。

（八）聚类分析法

聚类分析法是感性工学中研究分类的多元统计方法。常见的聚类分析法包括 K-均值聚类算法（用簇中对象的平均值作为簇中心）、K-中心点聚类算法（用簇中离平均值最近的对象作为簇中心）、系统聚类（采用层次聚类方法）。K-均值聚类算法是基于最小化误差函数对数据进行合理划分的聚类算法，具有速度快、易理解、易实现的优点。

（九）帕累托图分析法

帕累托图（Pareto Diagram）是一种认识客观现象的规律性方法，由意大利经济学家帕累托（Pareto）提出。其主要表现形式是直方图，直方图中的横坐标表示影响因素，纵坐标表示累计频率。研究采用帕累托原理确定影响产品设计的因素，将各因素依据重要程度绘成直方图，选取累计频率在 0～90% 的产品造型要素，将其定为主要设计因素。

此外，工业产品设计方法还有可拓学（研究事物拓展可能性和开拓创新规律与方法的学科）方法、知识图谱方法（用可视化技术描述知识资源及其载体的方法）、功能-行为-结构设计方法等。

七、工业产品设计的评价方法

工业产品设计评价是提高产品设计质量的重要环节。工业产品设计评价方法可分为主观定性评价与客观定量评价两大类。

（一）主观定性评价

主观定性评价主要有专家打分法、德尔菲法、两两比较法、符号评价法、名次计分法等。主观定性评价方法简单易行，且所需数据相对较少。但专家的个人水平、专业领域、研究背景不同，可能导致评价结果具有片面性、局限性。

1. 专家打分法

专家打分法是直接征询专家的意见，依靠专家的主观判断或经验，以打分的形式进行定性评价。

2. 德尔菲法

德尔菲法（Delphi Method）是一种依据系统程序的专家意见交流过程，大致流程包括专家集体匿名交流、整理统计匿名问卷、分析反馈意见、匿名反馈给各专家、再次征求意见。经过几轮征询，基本统一各个专家意见，最后得出对市场未来发展趋势的预测结论。

3. 两两比较法

综合多种角度或要素，将两种方案进行比较，优者打 1 分，劣者打 0 分。整理并统计各方案总分值，分值最高者为最优方案。

4. 符号评价法

综合多种角度或要素，将不同方案的评价结果用符号表示，如"+"表示方案可行，"–"表示方案不可行，"？"表示方案不确定。整理并统计各方案的符号总数，"+"最多的方案为最优方案。

5. 名次计分法

综合多种角度或要素，邀请多名专家对 n 个方案进行名次排序。名次最高的方案给 n 分，名次最低的方案给 1 分。将各个方案的分值进行相加，总分最高者为最优方案。

（二）客观定量评价

客观定量评价主要有层析次分析法、网络分析法、人工神经网络法、模糊综合评价法、灰色综合评价法、粗糙集理论评价法、进化算法等。客观定量评价方法注重严密的逻辑推理，其结果更具准确性和科学性，且应用效果相对较好。但在评价过程中有时会遇到一些困难，如关联因子难以量化、带有部分主观成分等，会在一定程度上影响量化的精确程度。

1. 层次分析法

层次分析法是一种定性与定量相结合的决策分析方法。层次分析法多用于多目标、多准则、多层次复杂问题的决策，在产品评价中应用较广。

层次分析法的步骤有：建立方案层次结构模型（目标层、准则层、方案层）；构造方案，两两判断矩阵；计算权向量，并做一致性检验；方案层次总排序。

层次分析法采用系统性分析方法，把定性方法与定量方法有机结合，把多目标、多准则且难以全部量化处理的决策问题转化为多层次、单目标问题。这种方法所提供的定量信息相对较少，容易为决策者所了解和掌握。

2. 网络分析法

网络分析法是在层次分析法的基础上形成的一种递阶层次结构的决策方法。这种方法充分利用专家的经验和判断力，对决策问题进行深入分析。在递阶层次结构下，存在方案控制层（包括决策目标和决策准则）和方案网络层（包括元素集）。在方案控制层中，各方案决策准则彼此之间相互独立，且受决策目标的影响；在方案网络层中，依据方案控制层各元素之间的互相影响，组建元素之间互相依存或反馈的网络结构。方案控制层和方案网络层共同组成网络分析法的层次结构，是一种将问题细化为结构的决策方法，其定量结果相对准确。

3. 人工神经网络法

人工神经网络是一种广泛应用于模式分类领域的技术，从 20 世纪 80 年代开始在人工智能、数字经济、大数据等不同领域兴起。

BP（Back-Propagation）神经网络是目前应用相对广泛的神经网络模型之一。它利用误差逆向传播算法进行训练，由输入层（input）、隐含层（hide layer）和输出层（output layer）组成。BP 神经网络训练函数（如 traingd 梯度下降训练函数、traingdm 动量梯度下降函数等）是全局性的权重和阈值调整算法，使用不同训练函数，使网络整体误差最小。不同的网络训练函数各有优点和局限，在实际应用中，应依据目标和要求选择合适的网络训练函数进行训练。利用网络传递函数（如 Log-Sigmoid 函数、Tan-sigmoid 函数、Purelin 函数）连接各层节点、网络训练函数训练网络、网络仿真验证网络模型，以实现产品方案的有效评价。一些改进的神经网络算法（如遗传算法优化的神经网络、粒子群优化的神经网络、模糊神经网络等）逐渐被成功应用。基于此，利用 Matlab 软件的神经网络工具箱建立、训练、分析神经网络已成为重要的研究途径。

4.模糊综合评价法

模糊集理论是由扎德（Zadeh）教授提出的一种科学方法。该理论具有结果清晰、逻辑性强的特点，能较好地解决模糊、难以量化的各种非确定性问题。

针对评价过程中变量的模糊性，模糊综合评价法可以根据模糊数学的隶属度理论把定性评价转化为定量评价。基本步骤有：构建模糊综合评价指标（目标层、准则层和方案层）；构建权重向量（专家经验法结合层次分析法）；构建评价判断矩阵，具体是在需求信息的模糊评价过程中，通过建立评价语言集合，以多维度的评价语言作为评判方式，用A—I表示决策者对评价指标由高到低的认可程度（A为极端重要，B为非常重要，C为尤其重要，D为更加重要，E为比较重要，F为相对重要，G为一般重要，H为略微重要，I为同等重要）；评价矩阵，进行权重合成（确定评价因素的权重集，计算每一个方案的综合评定向量，确定最优方案）。

5.灰色综合评价法

灰色综合评价法是一种研究不确定性问题的评价方法。[①]它以具有小样本、贫信息、不确定性特点的对象为研究目标，遵循差异信息原理（信息不完全）、最少信息原理（充分开发利用已明确的最少信息）、认知根据原理（信息是认知的根据）、新信息优先原理（优先学习新信息），提取有价值的信息，实现对工业、农业环境相关系统的运行行为和演化规律的有效监控。

灰色综合评价法包括单层次灰色综合评价和多层次灰色综合评价。其基本步骤有：确定最优指标集（评价标准或评价元素）；构造原始矩阵（最优指标集和评价对象的指标构成原始矩阵）；数据无量纲化处理（采用数据均值化、初值化、极差化、标准化等方法）；确定评价矩阵；确定各评价指标的权重矩阵；计算评价结果。

6.粗糙集理论评价法

粗糙集理论是继概率论和模糊集理论后的一个重要数学工具，是一种用于处理含糊、不确定问题的方法理论。粗糙集理论评价法可以有效地分析和处理一些不精确、不一致、不完整的信息，并从中发现隐含的知识，揭示潜在的规律。

粗糙集理论评价法的基本步骤与模糊综合评价法类似，不同之处在于粗糙集理论评价法仅利用数据本身提供的信息进行分析，无须任何先验知识。粗糙集理论是一个强大的数据分析工具，可用来表达和处理不完备的信息，具有较强实用性，在不同领域都有应用。

7.进化算法

（1）遗传算法

遗传算法是一种借鉴生物进化过程，通过复制、交叉、突变等操作来寻找最优解的进化算法。为得到问题的最优解，将问题参数编码后进行优化，通过选择算子，将当前种群中的优良模式"遗传"到下一代种群，利用交叉算子进行模式重组，利用变异算子进行模式突变。

---

① 陈健,莫蓉,初建杰,等.工业设计云服务平台协同任务模块化重组与分配方法[J].计算机集成制造系统,2018(3):720-730.

遗传算法的优点：适用范围相对较广，可用于优化、搜索、机器学习等领域；全局搜索能力相对较强，易于实现。遗传算法的缺点：对初始种群相对敏感，初始种群的选择在一定程度上会直接影响解的质量和算法效率；对于结构复杂的组合优化问题，有时会出现早熟收敛现象。

遗传算法应用的基本步骤：随机产生初始种群；计算种群中各个体的适应值，判断是否满足停止条件；若不满足，根据由个体适应值所决定的某个规则选择进入下一代个体；按交叉概率进行交叉操作，产生新的个体；按变异概率进行变异操作，产生新的个体；输出种群中适应值最优的染色体作为问题的满意解或最优解。

（2）粒子群算法

粒子群算法是一种基于叠代优化工具的进化计算技术，通过系统初始化为一组随机粒子（随机解）叠代搜寻最优值。在粒子群算法中，每个优化问题的解都是搜索空间中的一个粒子，各个粒子的适应值由被优化的函数决定，方向和距离由速度决定。各个粒子追随当前的最优粒子在解空间中进行搜索。

粒子群算法的优点：算法原理相对简单，参数相对较少，相对容易实现，算法收敛速度相对较快。粒子群算法的缺点：精度相对较低，相对容易发散；在收敛情况下，由于所有粒子都同时向最优解的方向飞去，容易使算法陷入局部最优解的局限。

（3）蚁群算法

蚁群算法又称蚂蚁算法，是模拟自然界蚂蚁寻径方式的一种仿生算法。蚁群算法是一种模拟进化算法，简单描述如下：所有蚂蚁遇到障碍物时按照相等概率选择路径，并留下信息素；随着时间的推移，较短路径的信息素浓度升高；其他蚂蚁遇到障碍时，就会选择信息素浓度高的路径，这样使较短路径的信息素浓度持续升高，最终最优路径被选择出来。

蚁群算法的优点：利用信息正反馈机制，在一定程度上可以提高算法的求解性能；通过多个蚁群之间的信息共享，促使个体之间的信息交流，有利于朝更优解的方向进行。蚁群算法的缺点：搜索时间相对较长，容易出现停滞，特别是当求解问题规模较大时；算法的收敛性能对初始化参数的设置比较敏感。

（4）鱼群算法

鱼群算法是一种基于动物群体智能行为研究的优化算法，它模拟的是鱼群的三大基本行为（觅食、聚群和追尾），采用自上而下的寻优模式，通过鱼群中的个体局部寻优，达到全局最优的目标。鱼群算法在对多个行为进行评价后，自动选择合适的行为，从而形成一种高效、快速的寻优策略，具体如下：鱼群的觅食行为是鱼群循着食物多的方向游动，在寻优中表现为向较优方向进行的迭代方式；鱼群聚群行为是鱼聚集成群，进行集体觅食，躲避敌害，是它们在进化过程中形成的一种生存方式，聚群行为有助于尽可能地搜索其他极值，最终搜索到全局极值；追尾行为是指鱼发现食物时，它们附近的鱼会尾随而来，依此类推，更远处的鱼也会尾随过来，追尾行为有助于快速向某个极值方向前进，加快寻优速度。

鱼群算法的优点：具有较快跟踪极值点漂移和跳出局部极值点的能力；具有相对较快的搜索速度和并行处理问题的能力，应用范围相对较广。鱼群算法的缺点：只能获取问题的满意解域，获取精确解的能力尚不足，还需适当改进；当鱼群个体数目相对较少时，便不能体现其有效集群性的优势；在搜索初期有相对较快的收敛速度，但后期搜索速度相对较慢。

综合上述分析，现有的主观定性评价方法主要依靠专家的主观判断与评价，可能会导致评价片面等问题。定量评价主要形式包括统计分析、线性回归分析、多目标决策分析等。定性分析是定量分析的前提，定量分析使定性分析更加科学和准确。在实际应用中应注意这两大类方法的合理选择、取长补短、有效评估。

八、工业产品设计的价值

产品设计是工业设计的重要组成部分。工业产品设计是以工业产品为主要对象，综合运用科技成果和社会经济、文化、美学等相关知识，对产品的功能、结构、形态及包装等进行整合优化的集成式创新活动。工业设计与工程设计有所不同，工程设计注重解决物与物之间的关系，以完成力的传递或能量的转化，如解决齿轮间的磨损问题、混凝土及其结构的耐久性问题、钢结构桥梁耐久性等工程问题。工业产品设计是一种创造性活动，主要解决人与物之间的关系问题。例如：人使用的物（产品生理功能）、人想购置的物（产品心理功能）、物对人的陶冶（产品审美功能）、改善环境的物（产品社会功能）。工业产品设计不但负有要设计产品，更担负着设计新的生活方式、设计社会新环境乃至设计新未来的使命。

（一）设计新产品

新产品的设计与开发是企业生存发展的关键因素。生活处处离不开产品，离不开产品设计。工业产品设计不仅涵盖航空、航天、航海、装备制造、人工智能等领域，还广泛涉及家具家电、生活用品、商业、医疗等领域，工业产品设计与我们的生活息息相关。

随着新技术的发展和市场竞争的日趋激烈，为保证新产品的开发质量和效率，企业需要了解新产品开发的内涵，掌握符合客观规律的方法，体现并最终实现产品价值。

（二）设计新生活方式

好的设计可以为企业带来经济效益，促进企业发展，方便衣食住行，提高生活幸福指数；不好的设计会为企业带来损失，影响用户体验和工作效率。随着科技的发展和社会的进步，设计通过新科技、新产品和新服务，改进产品形态和使用方式，为人们带来全新的体验，极大地改变了人们的生活方式。越来越多的科技手段被广泛应用于工业产品设计和服务设计中。基于新的生活方式，产生新的设计需求。通过有效设计，可以提高产品的附加值（精神品位和象征价值），引导、塑造人们的精神需求、情感心理、个性风格。

（三）设计社会新环境

创造具有强大包容性和文化多样性的社会，需要关注社会问题，特别是弱势群体的需求问题，如老年人和残障人士的关爱和陪伴，儿童的教育、成长环境，妇女权益保护等。坚持以人为本，为最广泛的社会群体设计满足其基本需求的产品，实现社会的公平发展。

致力于社会创新和可持续发展研究的埃佐·曼奇尼（Ezio Man-zini）在其《设计，在人人设计的时代》中指出："社会创新设计不仅需要服务于弱势群体，更需要服务于普通民众。"在设计过程中，围绕人的情感和心理，从审美角度出发，关注社会各个群体的物质和精神需求，将由社会群体主导并实施的设计发展作为主流方向，赋予设计作品以新的高度和深度。设计理念不仅要有美观性、时代性、创造性和合理性，还要融合多元文化，注重人、物、环境的和谐统一。

（四）设计新未来

设计改变未来，设计是生活方式的创新。①清华大学教授柳冠中在主题演讲中提出："工业设计是创造更合理、更健康的生产方式。"工业设计的根本目的是创造性地解决问题，不仅要解决今天的问题，还要描绘未来的愿景。工业设计是一种将创新、技术、商业和用户紧密联系在一起的创造性活动。通过发现要解决的问题，重新解构问题，提出解决方案，建立可视化方案模型，搭建新型产品服务体系，打造"产品＋服务"的一体化体验，提供竞争优势及新的价值。

工业产品设计是一门涉及美学、心理学、设计学等不同领域的交叉性综合学科，灵活运用设计思维，研究用户的真实需求，设计美观且实用的产品，打造用户体验优秀的产品，将科技切实转化为工业产品。其价值体现在：

1. 工业产品设计关乎国计民生和公共服务

生活处处离不开工业产品，也离不开工业产品设计。工业产品设计涉及范围广，包括家电、家具、交通工具、机械、医疗、电子产品等，涵盖了日常生活、生产的方方面面。好的工业产品设计是提升产品质量和竞争力的主要抓手和重要力量。工业产品设计以创造未来、创造更加美好的生活为目标，通过产业创新驱动和文化传承，为提高人民生活质量和公共服务水平贡献力量。

2. 工业产品设计助力智能化和数字化转型

随着大数据、云计算、物联网、人工智能、虚拟现实技术的发展，依托新技术构建数字化驱动的工业产品制造体系，打造产业竞争新优势，实现以工业产品设计创新引领产业高质量发展。在产品设计领域，针对用户与设计师存在认知差异、产品评价体系不够完善、设计和制造

---

① 张凌浩，胡伟专. 设计未来：作为可持续转型的设计思维，方法及教学［J］. 南京艺术学院学报：美术与设计版，2022（6）：42-48.

资源相对分散、产品优化设计缺少科学方法等问题，从设计服务需求出发，搭建资源有效集聚、开放共享、上下游协同的数字化设计与制造应用平台，充分利用产品造型与用户感性意象映射技术、协同创意设计评价技术、设计资源与用户需求匹配技术、设计与制造数字化技术、大数据与人工智能技术等，有效实现工业产品设计迭代，助力制造业智能化、数字化转型。

3. 工业产品设计助力"中国智造"

从神舟家族"上天"到"嫦娥"登月，从国产航母到国产大型邮轮，从港珠澳大桥到"复兴"号——"上天入海""飞天巡航""大国重器"，无不彰显着"中国智造"的卓越成就。在这些取得举世瞩目成就的领域，工业产品设计作为生产制造的重要环节无处不在。在中国制造"提质"方面，工业产品设计负有义不容辞的责任。在我国产业升级的的大背景下，现代工业产品设计充分融入新技术、新创意，依托制造业，与其他领域交叉融合，开展产业化全过程系列创新，合力推动我国制造业的转型升级和高质量发展，为"中国智造"贡献力量。

第二部分

计算机辅助工业产品设计

一、计算机辅助工业产品设计发展历程

计算机辅助设计（Computer-Aided Design，CAD），即利用计算机及其图形设备帮助设计人员进行设计工作。[①]计算机辅助设计的发展历程如下：

（一）口口相授

在人类发展历史中，早期设计并不是以文字或图像的形式展示出来的。早期的"设计图纸"仅存在于手工艺人的脑海中，通过口口相授的形式（即用语言传递产品尺寸、纹饰、规格等信息）进行传承和交流。

（二）设计草图

随着社会的发展进步，带有文字和图形的简略图样或计划出现。这种类似设计草图的展示方式展现了设计过程和设计方案。此时的设计草图仍具有一定的模糊性和概念性，不能准确展示设计产品的具体比例和尺寸，但是这一表现形式相较于之前的口口相授，是历史的进步。

（三）设计绘图

第一次工业革命后，机器化大生产逐渐普及。为了更细致地描述一个产品的形状、尺寸、材质和工艺，标准化绘图逐渐取代了设计草图。第二次世界大战后，先进的绘图工具被逐渐运用于工业设计领域，在直尺、圆规、三角板等绘图工具的辅助下，设计绘图更加精准和高效。相较于设计草图，设计绘图更加标准化和规范化，但仍需设计师在纸面上进行手工绘图，图纸的保存、复制、修改问题有待解决。

（四）计算机辅助设计

计算机的广泛应用使工业产品设计有了新的更强大的辅助工具。世界上第一台可编程的通用电子计算机 ENIAC（埃尼阿克）于 1946 年在美国诞生。伊凡·苏泽兰（Ivan Sutherland）在 1963 年完成了具有重要历史意义的计算机程序"Sketchpad"，该程序被认为是现代计算机辅助设计程序的鼻祖，也是计算机图形学发展的重大突破。设计人员可使用光笔在计算机显示器上进行图形化操作，与计算机进行交互。这一新创造奠定了计算机辅助设计产业的基础。

随着科技的发展，计算机越来越小型化，CPU、主板、硬盘、内存、电源等硬件成本大幅降低，软件发展更加多元化。计算机软件包括系统软件（用于控制、管理计算机硬件和软件资源，如 Windows、Linux 和 Unix）、辅助设计软件（用于绘制工程图纸或寻求设计方案，如 Photoshop）、数据库管理系统（用于对数据库的描述、管理和维护，如 MySQL）、媒体工具软件

① 陈林，李彦，李文强，等. 计算机辅助产品创新设计系统开发 [J]. 计算机集成制造系统，2013（2）：11.

（用于处理音频、视频的软件，如 MediaPlayer）等。

计算机辅助设计可有效解决手工绘图所存在的图纸保存、复制、修改等问题。计算机可以帮助设计人员进行计算、信息存储、制图等工作，还可对不同图形进行有效编辑（如放大、缩小、平移和旋转），对不同设计方案进行分析和比较，快速检索出所需的设计方案。

二、计算机辅助工业产品设计系统

计算机辅助工业产品设计系统是实现产品有效设计的物质基础，包括硬件系统和软件系统。

（一）计算机辅助工业产品设计的硬件系统

硬件系统是计算机辅助工业产品设计的物质基础，包括核心设备（计算机主机）、输入设备（鼠标、键盘、数码相机、扫描仪、手写板、摄像机、动态捕捉设备等）和输出设备（显示器、打印机、投影仪、快速成型机、喷绘设备、印刷设备、虚拟现实设备等）。

（二）计算机辅助工业产品设计的软件系统

计算机辅助工业产品设计的软件系统可协助设计人员创建、修改、分析、优化设计，可极大地提高工作效率。计算机辅助工业产品设计的软件系统包括系统软件和应用软件。工业产品设计内容广泛，包括形态设计、色彩设计、结构设计、人机设计、装饰设计、设计评价、设计管理、服务设计、交互设计、可持续设计等，单一应用软件无法满足工业产品设计需求，市场上便出现了功能各异、类型多样的计算机辅助工业产品设计软件。

按照软件的功能和特点，计算机辅助工业产品设计软件可分为二维平面软件和三维立体软件。二维平面软件有 Photoshop、Illustrator、CorelDRAW 等（图 2-2-1），三维立体软件有 SolidWorks、AutoCAD、CATIA 等（图 2-2-2）。

图 2-2-1　二维平面软件

图 2-2-2　三维立体软件

1. 二维平面软件

二维平面软件的应用领域极其广泛，如工业、建筑、汽车、船舶、动画、特效、服装、珠宝等。二维平面软件包括图像处理软件（如 Photoshop）、图形绘制软件（如 CorelDRAW、Illustrator）、矢量动画软件（如 Flash）、多媒体制作软件（如 Authorware）、网页设计软件（如 Dreamweaver）、桌面排版软件（如 Pagemaker）等。

Photoshop 是 Adobe 公司开发的图像处理软件，拥有强大的图片裁剪、色彩调整、修复功能，可用于处理各种图像，实现图像大小、色彩、造型等方面的创意设计。优点：提供强大的图像处理工具；可用于图像后期合成；能增强图像视觉效果，生成精美图像；可进行照片处理、平面设计、交互设计、数码绘画、视频动画、3D 图形制作，广泛应用于设计领域。

Illustrator 是 Adobe 公司开发的平面绘图软件，同 Photoshop 一样，广泛应用于各大平面设计领域。优点：矢量图形按比例缩放时不会降低质量；不依赖分辨率；与 Photoshop 相比，打印输出质量相对较高；适合绘制矢量图、图形插画及其他绘画。

CorelDRAW 是 Corel 公司开发的矢量图形制作工具，具有强大的绘图功能，广泛应用于平面设计领域（如名片、宣传单和标志设计），是印刷、出版行业的重要工具。优点：强大的绘图功能；矢量图形按比例缩放时不会降低质量；界面与操作性相对友好；兼容多种文件格式；支持各种插件和扩展工具。

2. 三维立体软件

依据不同的使用对象和工作目标，计算机辅助工业产品设计的三维立体软件可分为工程类三维设计软件、曲面类三维设计软件和反求类三维设计软件。

（1）工程类三维设计软件

工程类三维设计软件是面向工程的软件，不仅可以设计产品的外观造型，还可以进一步设计产品的内部结构，是综合性设计软件。工程类三维设计软件有 AutoCAD、CATIA、Unigraphics NX、Solidworks、Creo 等。

AutoCAD 可以帮助用户以极高的精度创建任何物理结构的设计模型，在产品结构设计、材料设计、加工设计、成型工艺、装配检测等领域具有一定优势。随着新版本的发布，AutoCAD 增加了 3D 功能，如 Civil 3D、Architecture、Electrical、Map 3D 等。优点：提高绘图的效率和精准度；启用命令行方式，提高操作便捷度；用户界面友好，可通过交互菜单或命令行进行各种操作。

CATIA 是达索公司旗下的计算机辅助设计、辅助工程、辅助制造一体化软件。优点：参数化产品造型，具有较强的非线性计算能力；集成产品概念设计、详细设计、三维建模、工程分析、动态模拟和仿真全流程；曲面设计、结构设计功能较为强大。该软件广泛应用于航空、航天、汽车、造船、高铁等行业。

Unigraphics NX（简称 UG）是 Siemens PLM Software 公司出品的产品工程解决方案，为用

户的产品设计及加工过程提供了数字化造型和验证手段，广泛应用于机械、模具设计领域。优点：计算机辅助设计、辅助工程、辅助制造一体化；提供灵活的复合建模方式，集实体建模、曲面建模、线框建模、参数化建模于一体；曲面设计功能较为强大；具有良好的二次开发环境。

Solidworks 是世界上第一个基于 Windows 开发的三维计算机辅助设计系统，具有功能强大、组件多、易学易用的特点，在中小企业应用较为广泛。优点：计算机辅助设计、辅助工程、辅助制造一体化软件；用户界面友好，适合初学者；参数化、全相关三维设计软件，参数化建模和实体建模功能较强。

Creo 是 PTC 公司推出的三维设计软件。该软件提供从产品规划、概念设计到数字化实现、加工制造及展示的覆盖产品全生命周期的设计方案，在业界居于领先地位，在汽车等制造业中应用广泛。优点：计算机辅助设计、辅助工程、辅助制造一体化；参数化、全相关三维设计，具有出色的参数化建模和设计功能；曲面功能强大，运行较流畅。

（2）曲面类三维设计软件

曲面类三维设计软件是用于曲面设计的软件。这类软件没有"实体"概念，主要用于产品的造型与外观设计，也可用于展示、动画、模拟等视觉效果设计，常见的有 Alias、Rhino 等。

Alias 是 Autodesk 公司旗下的计算机辅助工业设计软件，是一款高级数字设计、造型和可视化软件。优点：高质量的造型工具；直观友好的用户界面；支持从平面创意草图绘制到高级曲面构建，曲面功能强大。该软件在汽车、船舶、飞机制造业等高端造型设计领域应用相对广泛。

Rhino 广泛应用于工业制造、机械设计等领域。优点：体积相对较小，功能丰富，无须很高的计算机配置；入手相对简单，易学易用，适合初学者；曲面功能强大，特别是在 NURBS 曲面建模方面；可以快速完成概念设计。

（3）反求类三维设计软件

反求类三维设计软件也称逆向工程或反向工程软件，它用一定的测量手段（如三维扫描仪）对实物进行测量，根据测量数据重建此实物的三维数字模型，并在此基础上进行产品设计、开发、生产。

Geomagic Studio 是 Geomagic 公司推出的一款逆向工程软件产品，该软件可根据实物零部件自动生成准确的数字模型，可为计算机辅助设计、计算机辅助工程、计算机辅助制造提供完美补充。

Imageware 是著名的逆向工程软件之一，因其强大的点云处理能力和曲面编辑能力，被广泛应用于汽车、航空、航天等领域。

此外，还有一些软件虽然没有应用于产品设计全过程，却可以间接地为工业产品设计提供帮助，如市场调研软件（SPSS 社会科学统计软件）、渲染软件（Lightscape、Renderman、Cinema 4D、Mental Ray）、人体建模软件（Poser）、手绘工具软件（Painter）、渲染插件（VRay、finalRender）。

三、计算机辅助工业产品设计软件应用

（一）Photoshop

Photoshop 广泛应用于计算机图形设计和图像编辑领域，功能丰富、强大，适用于多种创意项目的编辑和合成。

1.基本模块

①图形图像处理及编辑模块。包括图像裁剪、调整颜色、添加滤镜效果、提升图像质量等。

②图形图像合成功能模块。能将多个图像组合在一起，创造出独特且极富表现力的视觉效果。

③创意设计模块。对图像大小、色彩、造型等进行创意设计。

2.操作流程

Photoshop 的工作界面如图 2-3-1 所示。

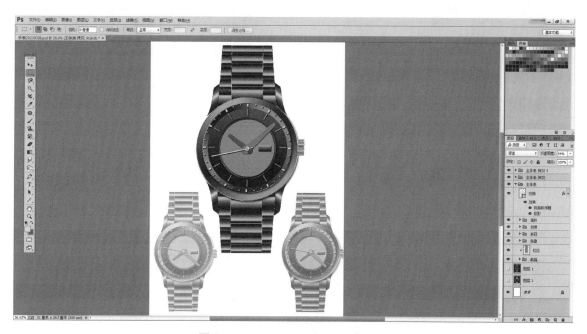

图 2-3-1 Photoshop 工作界面

在正式进入工作前需要新建文件。打开 Photoshop 软件，选择"新建"，在弹出的"新建文档"对话框中，输入文件名称，确定尺寸、分辨率、颜色模式等。此处以手表的概念设计为例，进行绘制过程展示。

①分析手表的各组成部分，在图层面板建立相应的组。手表分为表盘、表链、表冠、刻度、指针等部分，据此建立多个组。

② 用选框工具建立选区；用形状工具对表链部分进行描边，填充渐变颜色（图2-3-2）。

③ 用滤镜对表链材质进行"拉丝"处理。

④ 用形状工具对表盘部分进行描边，填充渐变颜色，并为表盘部分添加图层样式，如描边、内发光、渐变叠加、投影等（图2-3-3至图2-3-7）。

⑤ 用形状工具对表冠部分进行描边，填充渐变颜色，并添加图层样式（图2-3-8）。

⑥ 用形状工具对刻度部分进行描边，填充渐变颜色，并添加图层样式（图2-3-9）。

⑦ 用形状工具对指针部分进行描边，填充渐变颜色，并添加图层样式（图2-3-10）。

⑧ 用色彩平衡、曲线、亮度、对比度、色相、饱和度等工具对不同的手表效果图进行颜色调整（图2-3-11）。

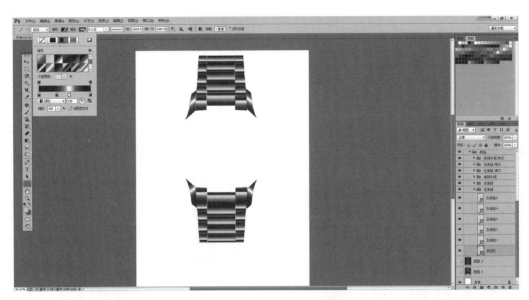

图2-3-2　手表表链二维绘制（形状工具描边和填充颜色）

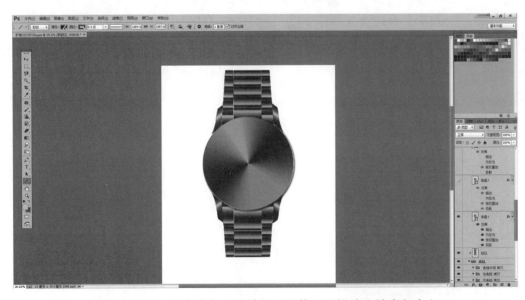

图2-3-3　手表表盘二维绘制（形状工具描边和填充颜色）

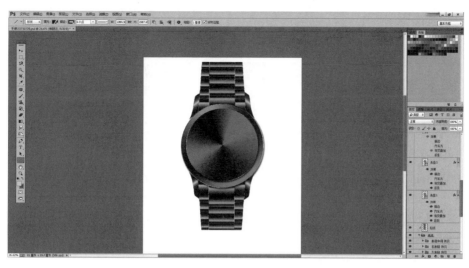

图 2-3-4　手表表盘二维绘制（形状工具描边和填充颜色）

图 2-3-5　手表表盘二维绘制（形状工具描边和填充颜色）

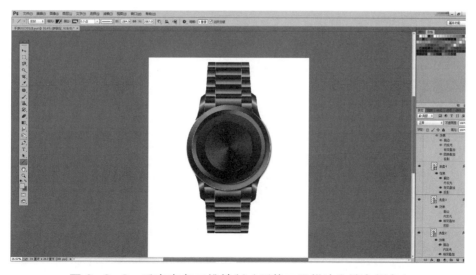

图 2-3-6　手表表盘二维绘制（形状工具描边和填充颜色）

图 2-3-7　手表表盘二维绘制（形状工具描边和填充颜色）

图 2-3-8　手表表冠二维绘制（形状工具描边和填充颜色）

图 2-3-9　手表刻度二维绘制（形状工具描边和填充颜色）

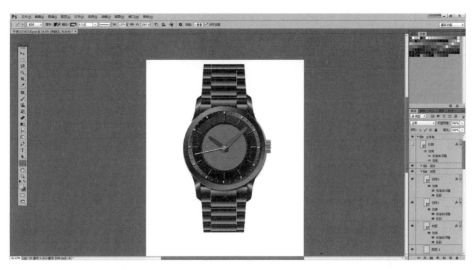

图 2-3-10　手表指针二维绘制（形状工具描边和填充颜色）

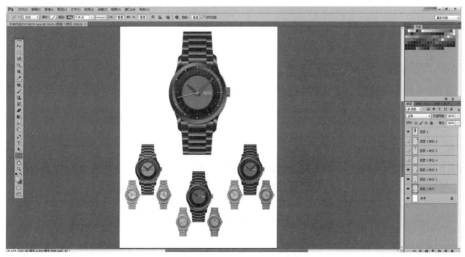

图 2-3-11　手表效果图调整

（二）CorelDRAW

CorelDRAW 以其直观、友好的界面受到用户青睐。它为专业设计师提供了强大的产品手册、包装、标识、平面广告及其他制图功能。

1. 基本模块

① 图形设计模块。包括多种矢量图形制作工具与命令，适用于页面设计和网站制作，也可用于处理位图和编辑网页动画。

② 文字处理模块。排版功能强大，支持大多数图像格式的输入与输出。

③ 创意设计模块。可对图形大小、色彩、造型进行创意设计。

2. 操作流程

CorelDRAW 的工作界面如图 2-3-12 所示。

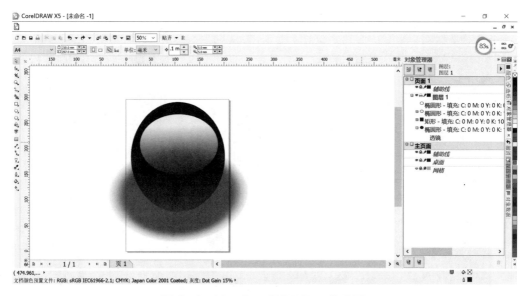

图 2-3-12　CorelDRAW 工作界面

在正式进入工作前需要新建文件。打开 CorelDRAW 软件，选择"新建"，在弹出的"创建新文档"对话框中，输入文件名称、尺寸等信息。此处以创意图形设计为例，进行绘制过程展示。

① 在绘图界面，用椭圆形工具绘制一个正圆（图 2-3-13）。

② 用阴影工具从圆的中心向外拖出阴影并拆分；使用交互式透明工具对阴影进行透明处理（图 2-3-14）。

③ 利用不同工具绘制不同的图形，分别为其填充不同颜色（图 2-3-15，图 2-3-16）。

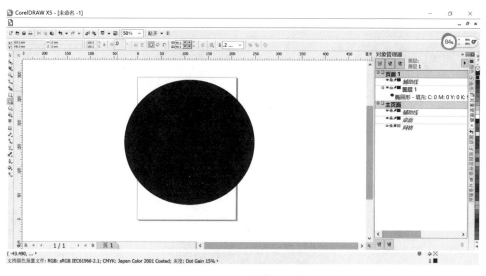

图 2-3-13　绘制正圆

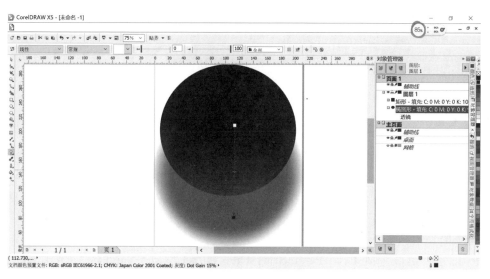

图 2-3-14　阴影透明处理

图 2-3-15　创意图形绘制

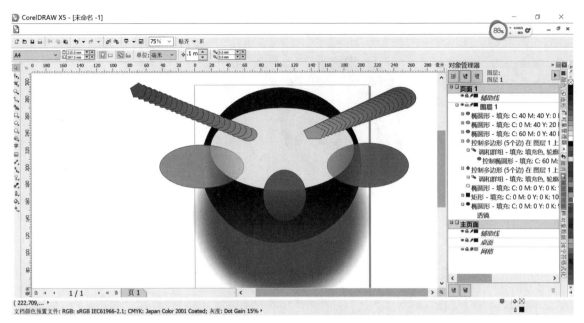

图 2-3-16　创意图形绘制

（三）Creo

Creo 是一款三维 CAD/CAM/CAE 系统软件，广泛应用于电子、机械、汽车、家电等行业，集零件设计、产品装配、模具开发、NC 加工、钣金设计等多种功能于一体，是整合 Pro/ENGINEER、CoCreate 和 ProductView 三大软件并重新分发的新型 CAD 设计软件包。

1. 基本模块

Creo 的主要组件包括 Creo Parametric、Creo Direct、Creo Simulate、Creo Sketch、Creo Layout、Creo Schematics、Creo Illustrate、Creo View MCAD、Creo View ECAD 等。Creo 的基本模块如下：

① 工业设计模块（计算机辅助产品设计模块）。主要用于产品几何设计。

② 机械设计模块（计算机辅助设计模块）。主要用于三维机械产品设计以及建立复杂曲面。

③ 功能仿真模块（计算机辅助工程模块）。主要利用有限元分析和有限元仿真对零件进行充分的优化设计（分析结构和热特征）。

④ 制造模块（计算机辅助制造模块）。主要用于该模块中的 NC Machining（数控加工）等部分，对机械制造产品进行分析。

⑤ 数据管理模块（计算机辅助设计管理模块）。主要用于产品性能的仿真测试，通过自动跟踪创建的数据，排除产品故障，改进产品设计。

2. 基本操作

Creo 的工作界面如图 2-3-17 所示。

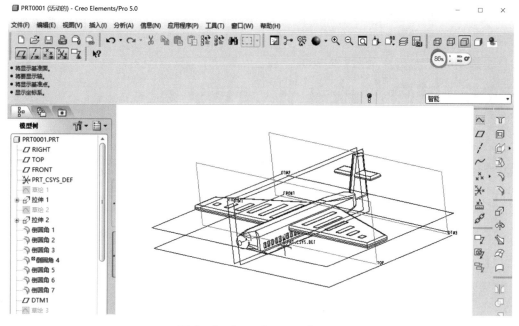

图 2-3-17　Creo 工作界面

打开 Creo 软件，选择"新建"，输入文件名称；在弹出的"新文件选项"对话框中，选择 mmns_part_solid，表示以 mmns 为单位的实体零件文件。此处以飞机的产品概念设计为例，进行绘制过程展示。

① 选择"top"视图。

② 点击"草绘"按钮，用"直线"等相关命令，绘制飞机机身（图 2-3-18）。草绘完成后，退出草绘模式。

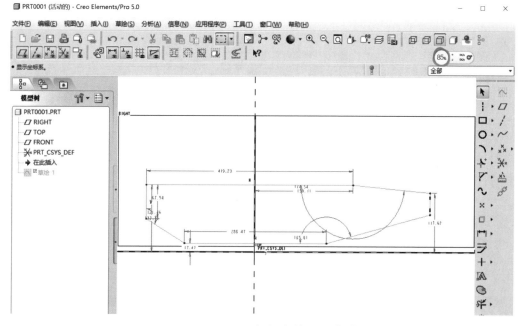

图 2-3-18　飞机机身绘制（草绘）

③ 选择基础特征工具栏中的"拉伸"，在下方的拉伸操控板中输入拉伸高度"80"，完成拉伸特征操作（图2-3-19）。

④ 绘制飞机机尾部分（图2-3-20）。

⑤ 绘制飞机机翼部分（图2-3-21）。

⑥ 绘制飞机机翼骨架部分（图2-3-22）。

⑦ 绘制飞机机窗部分（图2-3-23）。

⑧ 选择基础特征工具栏中的"拉伸"命令，对飞机各个部分进行拉伸处理（图2-3-24）。

⑨ 选择基础特征工具栏中的"倒圆角"命令，对飞机各个部分进行倒圆角处理（图2-3-25）。

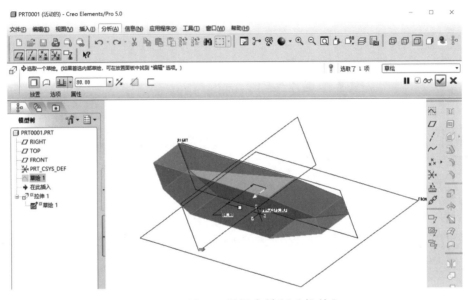

图2-3-19 飞机机身绘制（拉伸）

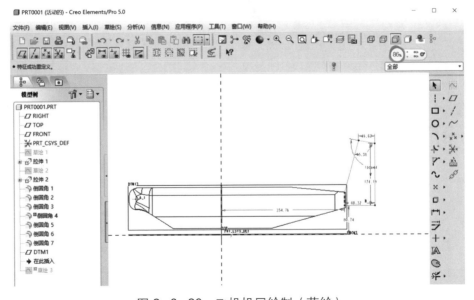

图2-3-20 飞机机尾绘制（草绘）

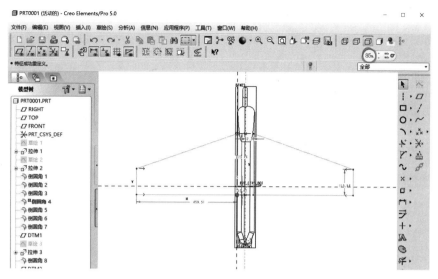

图 2-3-21　飞机机翼绘制（草绘）

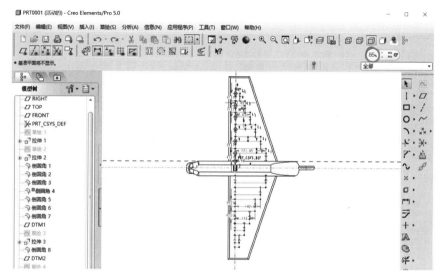

图 2-3-22　飞机机翼骨架绘制（草绘）

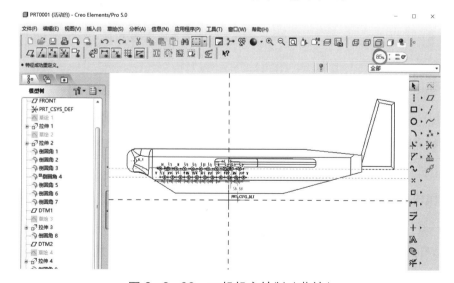

图 2-3-23　飞机机窗绘制（草绘）

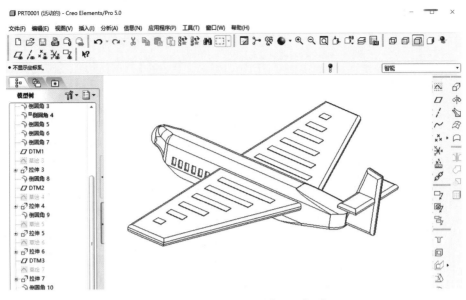

图 2-3-24　飞机三维绘制（拉伸）

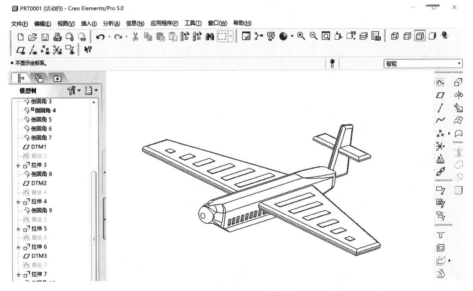

图 2-3-25　飞机三维绘制（倒圆角）

（四）Rhino

Rhino 是一款三维造型软件，可进行三维建模、可视化和动画制作，广泛应用于产品设计、工业设计、建筑设计、汽车设计等不同领域。Rhino 支持 NURBS（非均匀有理数 B 样条线）、多边形网格和点云等建模技术。

1. 基本模块

Rhino 功能模块包含建模、绘图、渲染、动画等。

① Rhino 建模模块。此模块提供了直观、高效的三维建模和编辑功能。Rhino 建模工具包括点（点物件、点云等）、曲线（直线、多重直线、网格上多重直线、自由曲线、圆、圆弧、椭圆、

矩形、多边形、弹簧线、螺旋线、圆锥线等）、曲面（平面曲线、网格线、矩形平面等）、实体（立方体、球体、圆柱体、圆管、金字塔、椭圆体、环状体等）、网格（网格面、平面、立方体、圆柱体等）。

② Rhino 绘图模块。此模块可借助相关工具（如常用工具、变动工具、点与曲线工具、曲面工具、实体工具、网格工具等）制作平面图、立面图、截面图等。

③ Rhino 渲染模块。此模块可进行光照、材质等效果的调整。Rhino 自身提供了金属、玻璃、塑料、木材等丰富的材质，用户还可以自定义材质，为材质添加纹理及反射、折射等效果，使渲染出的模型更加真实。此外，Rhino 还可设置不同类型的光源，如点光源、聚光灯、面光源等，进一步提高渲染质量。

④ Rhino 动画模块。可用于制作演示动画和虚拟漫游等效果。

2. 基本操作

Rhino 的工作界面如图 2-3-26 所示。

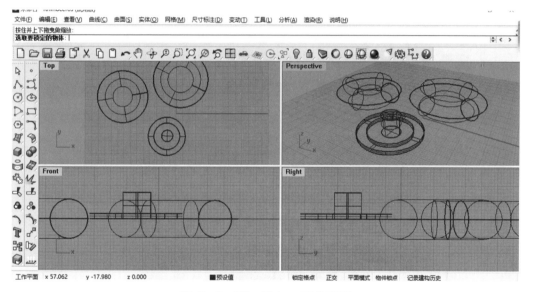

图 2-3-26　Rhino 工作界面

打开 Rhino 软件，选择"新建"，输入文件名称。此处以户外桌椅设计为例，进行绘制过程展示。

① 使用实体（环状体）工具绘制户外桌椅（图 2-3-27，图 2-3-28）。

② 使用实体（圆柱体和圆管）工具绘制户外桌具。

③ 用不同工具，继续绘制不同的产品造型。

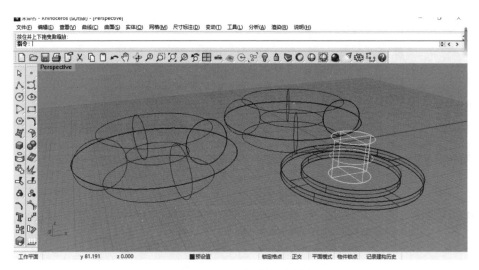

图 2-3-27　户外桌椅绘制

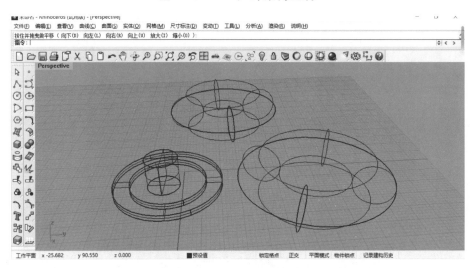

图 2-3-28　户外桌椅绘制

四、计算机辅助工业产品设计流程

计算机辅助工业产品设计流程包括：

第一，明确设计内容。了解用户真实需求，明确设计目标，分析产品的功能原理、结构特征等。

第二，产品市场调研。把握产品的市场需求、所处生命周期阶段、竞争者情况等信息，为新产品的设计与开发提供市场定位和创新依据。

第三，产品设计开发（形态、色彩、材质、人机、装饰等）。基于市场调研，对产品进行简单定位后，分析该产品的技术可行性、成本预算及商业价值等，构思产品设计草图，完成产品设计平面效果图，用三维语言描述产品形态和结构，以更直观的方式向用户全方位展示产品体量感，方便与用户的进一步交流和沟通。

第四，产品设计评价。现代工业产品设计是一个"设计—评价—再设计—再评价"的过程，是一个反复迭代的过程。为使工业产品的最终设计方案满足用户和市场需求，从产品概念草图、产品变形方案，到产品详细设计、产品模型或工作样机测试等，整个流程均离不开评价。应利用专家打分法、名次计分法、层次分析法等对产品设计进行有效评价。

儿童滑板车是童稚时期陪伴儿童的阶段性产品，对儿童的健康成长和运动能力的培养起着重要的引导作用。这里以该产品为例，详细介绍计算机辅助工业产品设计的流程。

（一）儿童滑板车产品前期调研

1.种类

市场上的儿童滑板车多种多样，有两轮滑板车、三轮滑板车、摇摆滑板车、蛙式滑板车、酷步滑板车、脚踩滑板车、起伏滑板车等。其操作方式和特点比较见表2-4-1。

表2-4-1 不同儿童滑板车比较

种类	操作方式	特点
两轮滑板车	一只脚踩滑板车，另一只脚向后蹬滑地面	结构简单，具有灵活性和便携性；缺少创新性，所占空间较大
三轮滑板车	一只脚踩滑板车，另一只脚向后蹬滑地面	结构简单，具有灵活性和便携性；缺少创新性，所占空间较大
摇摆滑板车	左右摇摆身体	运动方式新颖独特；运动场所有限制，不便于携带
蛙式滑板车	反复滑动、收缩双腿	运动方式新颖独特，速度相对较快；运动场所有限制，不便于携带
酷步滑板车	脚踏运动杆	运动方式新颖独特；结构相对复杂，使用方式相对单一
脚踩滑板车	双脚上下踩动踏板	运动方式新颖独特；结构相对复杂，成本相对高，不便于携带
起伏滑板车	双脚上下起伏运动	运动方式新颖独特；结构相对复杂，成本相对高，不便于携带

2.加工

基于市场需求和用户喜好，对儿童滑板车的外观、结构、功能等进行设计。依据设计需求，确定滑板车各部件的制作材料（包括滑板车框架、滑板轮、轴承、螺丝等）。利用切割、焊接等加工工艺，对儿童滑板车进行加工，完成不同部件的制作。基于表面处理技术，通过装配、电子组装等，完成儿童滑板车的设计制造全过程。

3.材料

儿童滑板车的制作材料主要包括铝合金材料、钢材、碳纤维材料、塑料等。铝合金材料具有轻便耐用、使用寿命长的特点。碳钢材质相对较重，具有坚固耐用的特点。材料选择取决于用户的实际需求。若要制作轻盈便携的儿童滑板车，则铝合金材质为首选；若要制作耐用性、稳定性较强的儿童滑板车，则碳钢材质为首选；若只是为了娱乐休闲，则可选用具有环保性质的塑料。

4.成本

市场上不同品牌、不同功能、不同款式、不同性能的儿童滑板车价格各异，几十元、几百元、上千元不等，功能相对单一的儿童滑板车价格相对较低。

5.调研结论

儿童滑板车以发展儿童运动能力、训练儿童四肢协调水平、激发儿童想象力和创造力等功能，深受儿童和家长的欢迎。儿童滑板车是童稚时期的阶段性产品。消费者对儿童玩具车的需求不仅仅包括产品的外观和形态，更包括产品功能、性能、质量等。儿童滑板车的实用性、安全性、多样性、适用性、功能性创新越来越为消费者所重视。

（二）儿童滑板车产品分析

1.问题分析

采用网络调查法、线上访谈法和实地观察法获取用户对目标产品（儿童滑板车）的需求，结合亲和图法对需求进行整理和归纳。基于卡诺模型对用户需求进行分类，初步确定需求所属类型和优先考虑顺序，构建如表2-4-2所列的儿童滑板车用户需求信息层次表。

表2-4-2　儿童滑板车用户需求信息层次表

需求信息	需求子信息	详细说明
D1 美观需求	d1 外观造型	外观造型符合大众审美
	d2 色彩搭配	色彩丰富、鲜艳
	d3 设计风格	设计风格多样
	d4 图案设计	装饰图案内容积极向上
D2 功能需求	d5 滑行功能	节省人力
	d6 折叠功能	节省放置空间
	d7 娱乐功能	具有休闲、娱乐、健身等功能
	d8 储物功能	具有储物、照明等辅助功能
D3 性能需求	d9 安全性能	行驶安全，刹车及时可控
	d10 实用性能	符合人机工程学的细节设计
	d11 适用性能	适用于多种用户需求及场景
	d12 多样性能	多种使用方式

通过定量分析可知，儿童滑板车美观需求中的外观造型、设计风格，功能需求中的滑行功能、娱乐功能，性能需求中的安全性能、实用性能、多样性能等需求信息权重较高。

基于儿童滑板车需求信息分析的权重结果，通过发散思维和群体决策，提出儿童滑板车技术特性的相关构想。针对美观需求中的不同子需求，给出造型、颜色、图案的相关设计提案；针对功能需求中的不同子需求，给出滑行、存储、休闲、自适应方面的相关技术建议；针对性能需求中的不同子需求，给出安全、寿命、需求、使用方式方面的相关技术方案。采用同样的方法对儿童滑板车的技术特性进行定量分析，获得的总体结果如下：儿童滑板车的使用寿命、用户需求匹配、助力滑行、使用方式和安全性能等方面的技术特性相对重要。

以质量屋（House of Quality，HOQ）为工具，构建儿童滑板车用户需求与技术特性关系模型。由儿童滑板车用户需求与技术特性的相互关系可知：用户美观需求与造型美观特性，用户功能需求与助力滑行、照明、储物、折叠功能，用户性能需求与安全性、舒适性具有强相关性。由儿童滑板车技术特性的自相关关系可知：助力滑行和照明功能、体型轻盈与折叠功能、照明功能与安全性能、折叠功能与适合不同年龄段儿童使用之间存在正相关关系；使用寿命长与适合不同年龄段儿童使用之间存在负相关关系。随着儿童年龄的增长及身高、体重、兴趣爱好的变化，适合幼儿使用的滑板车不一定适合各其他年龄段儿童使用。家长为了满足儿童的阶段性需求，不得不购买与儿童成长相匹配的诸如摇摇车、学步车、滑行车、滑板车、三轮车、自行车等多种儿童玩具车。

2. 问题解决

利用发明问题解决理论对儿童滑板车使用寿命与适合不同年龄段儿童使用这一对冲突进行性质判定和问题解决。

依据发明问题解决理论中物理冲突属性的判断标准，一个属于同一系统 A 中的子系统 a 和 b 同时表现出的两种相反状态称为物理冲突，即儿童滑板车使用寿命这一特性的加强导致适合不同年龄段儿童使用这一功效的减弱。由于儿童身体和心智的不断发展、变化，这些适合不同年龄段、种类各异的儿童滑板车仅有一定周期的使用寿命，与产品使用寿命这一特性要求存在物理冲突。

根据物理冲突的解决方式，利用分离原理解决儿童滑板车寿命判定问题。综合时间分离原理和空间分离原理，将冲突双方在不同时间段、空间段内进行分离。根据儿童不同的成长空间，设计适合婴幼儿期的滑步车（如儿童扭扭车）、适合幼儿期的儿童三轮车、适合学龄前期不同类型的滑板车（如蛙式滑板车、摇摆滑板车、脚踩滑板车）、适合学龄期及之后的集各种滑板车（如蛇形滑板车、单脚滑板车等）功能于一体的儿童玩具车。

结合条件分离原理、整体与部分分离原理，将儿童玩具车分解为车身、车轮、支架、踏板、扶手、座椅等部分。针对幼儿期儿童，可以通过安装座椅、调整扶手高度，生成匹配其身高的儿童学步车，也可以安装具有可拆卸功能的推手部分，生成儿童手推车。针对学龄期儿童具备一定身体协调能力和平衡能力的特性，可以拆掉座椅，通过脚踩踏板，让儿童享受畅玩滑板的乐趣。通过上述原理，生成集多种运动方式（摇摇车、学步车、手推车、滑板车）于一体的可拆卸儿童玩具车创新设计方案。

（三）创新点分析

这款儿童滑板车的创新点主要体现在以下几个方面：

1. 功能创新

① 折叠功能：具有可调节高度的支架设计，可根据儿童不同身高进行动态调整。

② 可拆卸功能：可以根据用户需求进行安装或拆卸，提供多种运动方式。

③ 照明功能：车身前后有警示灯，具有照明功能，可保障昏暗处的使用安全。

④ 储物功能：可拆卸的座椅内部设有储物箱。

2. 性能创新

为保证儿童滑板车的安全性和可靠性，车轮由两个前轮和一个后轮组成，后轮利用脚踩刹车制动系统，简单易操控，且具有一定的安全保障功能。

3. 形态创新

基于仿生设计，采用流线型车身设计，增加活力和动力；扶手和踏板表面纹样具有凹凸纹理，可增加摩擦力。

4. 材料创新

使用高弹耐磨的踏板材质，强化儿童滑板车的可控性和操作性。使用铝合金材质和环保材料，依据设计需求，利用切割、焊接等加工工艺对儿童玩具车的框架、滑板轮、座椅等部件进行加工。基于表面处理技术，完成儿童滑板车的组装。成本在可控范围内。

5. 使用方式创新

生成集多种功能于一体、面向多个年龄段的儿童玩具车创新设计方案。

6. 设计理念创新

① 可拆卸设计理念：可以根据用户需求进行安装或拆卸，具有多种功能和多种运动方式。

② 可持续设计理念：适合婴幼儿时期的滑步推车、适合幼儿期的儿童自主滑步车、适合学龄期及之后的脚踩滑板车等。

③ 环保设计理念：车头有可拆卸的圆形扫刷，具有清洁功能，在保障功能需求、性能需求和美观需求的同时，培养儿童的环保意识。

④ 人机交互设计理念：将安全定位系统、智能交互系统等融入儿童玩具车设计中，家长可通过定位系统随时了解儿童的具体位置，也可通过语音交互系统与儿童进行实时交流，对其进行安全提醒。

（四）儿童滑板车产品设计

基于产品分析结果，利用 Creo（Pro/ENGINEER）进行建模（图 2-4-1，图 2-4-2，图 2-4-3）。

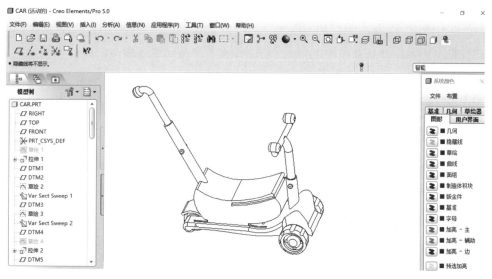

图 2-4-1 计算机辅助产品设计之线框建模

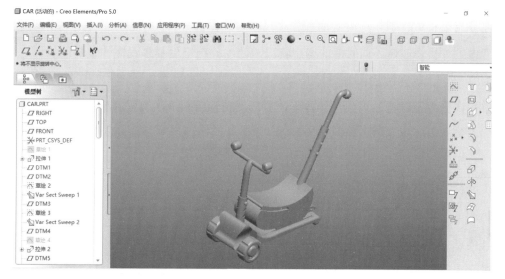

图 2-4-2 计算机辅助产品设计之实体建模

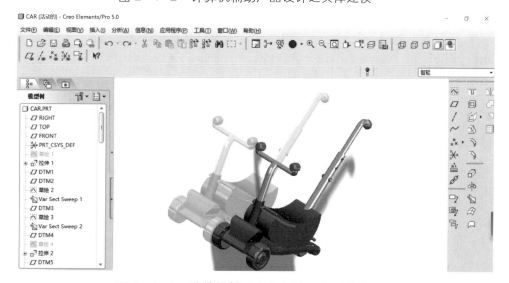

图 2-4-3 计算机辅助产品设计之实时渲染

（五）儿童滑板车产品评价

评价是一种系统性认知决策过程。产品设计方案评价体系结构包括评价目标、评价指标、评价方法、评价主体、评价客体、评价依据、评价模型。依据评价体系结构，提出工业产品设计方案评价的实现思路。

1. 个体评价转为群体评价

邀请多个具有评价能力的决策者对产品进行群体评价，综合不同评价主体的评价动机和评价要求，以提高评价结果的客观性。

2. 单目标评价转为多目标评价

在工业产品设计方案的评价过程中，由于决策问题是由两个以上的决策目标组成的，故需要同时考虑经济、社会、环境等多方因素，并对方案进行优选。

3. 静态评价转为动态评价

在评价过程中，引入决策者动态分阶段参与的评价方式。相较于静态评价，动态评价可以充分考虑到评价客体在不同时期的客观状况，使评价结果更具客观性和全局性。

4. 单一评价转为组合评价

单一评价由于自身的局限性，并不能充分反映评价对象的真实特性。决策者的个人水平和专业领域具有不同程度的差异性，会使单一定性评价出现评价片面的问题。因此在评价过程中，需要结合不同性质的评价方法，将单一评价转为组合评价。

5. 结果评价转为过程评价

为改变结果评价的局限性，在评价过程中关注评价客体的动态发展过程，通过构建系统评价指标体系，进行动态组合，将结果评价转化为过程评价。

基于上述评价思路，制订如表2-4-3所列的能够反映儿童滑板车设计方案综合评价的指标体系。

表2-4-3　儿童滑板车设计方案的综合评价指标体系

一级指标	二级指标
综合设计	形式与功能统一
	局部和整体统一
	质感、功能与环境相宜
形态设计	设计风格独特
	产品比例协调
	产品形态优美
色彩设计	产品色彩丰富
	产品色调与功能匹配

续表

一级指标	二级指标
	产品色调与使用条件匹配
装饰设计	产品涂装精致、布局合理
	产品装饰细节与整体相协调
	产品技术、工艺、材料合理

结合相关评价方法，对儿童滑板车设计方案的评价指标权重进行分析，获得设计方案的定量权重值，计算评价指标权重，构建儿童滑板车设计方案的评价目标系统。

五、计算机辅助工业产品设计模块

计算机辅助工业产品设计系统为计算机辅助工业产品设计技术应用提供载体。计算机辅助工业产品技术丰富多样，涉及计算机辅助设计技术、计算机辅助制造技术、计算机辅助质量控制技术、计算机辅助绘图技术、网络技术、数据库技术、虚拟现实技术、概念设计技术、协同设计技术、人工智能技术、虚拟仿真技术、人机交互技术、知识工程技术、设计管理技术、设计评价技术等。随着计算机技术的发展，工业产品造型设计软件由二维平面绘图软件发展到三维立体建模软件。线框产品造型设计、曲面产品造型设计、实体产品造型设计、参数化产品造型设计、特征化产品造型设计等相关技术持续发展，基于参数化、变量化的产品造型设计技术成为主流。在产品几何设计技术方法领域，研究复杂产品造型设计曲线和曲面的描述方法应运而生，如样条方法、B 样条方法、Bezier 方法、NURBS 方法等。这些方法和技术为计算机辅助工业产品设计提供了有力支持，也为完善计算机辅助产品设计相关模块提供了技术支持。

（一）计算机辅助工业产品形态设计

工业产品的形态设计是赋予产品形态美感、确定产品造型风格和形式的重要模块。

1. 工业产品形态要素

工业产品形态要素包括点、线、面、体等。

点是工业产品造型的基础元素。在工业产品设计中，点不仅有大小、面积，还有形状。大量的点按照一定方式组合起来，可以形成线、面的视觉效果。

线是点移动的轨迹。线具有位置、长度和宽度。在工业产品设计中，线可以分为直线（如水平直线、垂直线、倾斜线、折线）和曲线（如几何曲线、自由曲线）。不同类型的线给人以不同的美感：直线多给人以严谨、秩序之感，曲线多给人以流动、柔和之感。

面是线移动的轨迹。面是工业产品设计的重要因素。面包括平面、折面和曲面三种类型，具有平面形状和空间形状两种形式。在实践应用中，常将点与线、线与面、点线面相互结合，以丰富视觉设计语言。

　　体是面移动的轨迹。在工业产品设计中，由于体的构成具有多样性（如半立体、线立体、面立体、块立体、动立体、线面块综合立体等），不同形状的体可以构建不同的设计空间。

　　此外，工业产品形态要素还包括色彩、肌理、空间等。

2. 计算机辅助工业产品形态设计

　　利用计算机辅助工业产品设计相关软件，进行产品形态设计。产品形态设计方案见图2-5-1至图2-5-35。

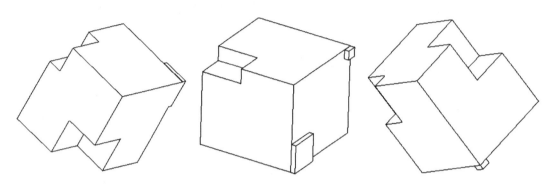

图2-5-1　不规则体形态设计

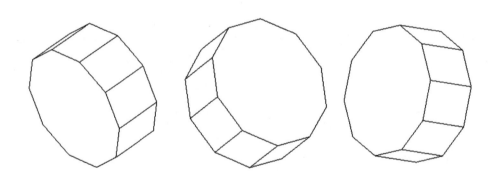

图2-5-2　不规则体形态设计

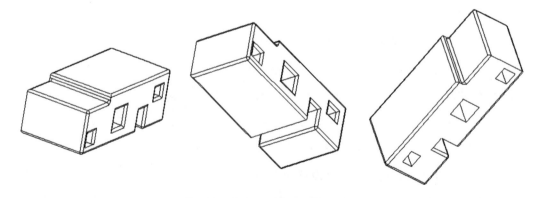

图2-5-3　不规则体形态设计

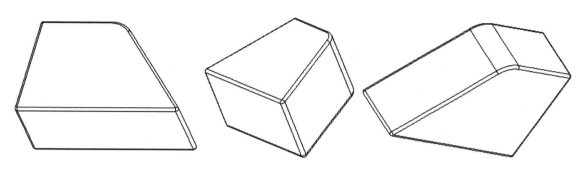

图 2-5-4 不规则体形态设计

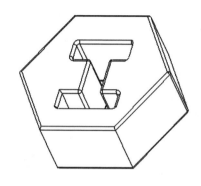
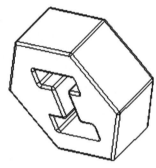
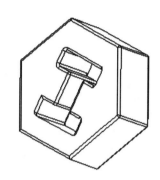

图 2-5-5 不规则体形态设计

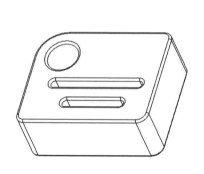
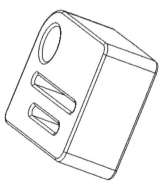
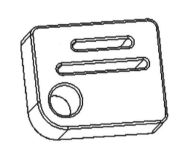

图 2-5-6 不规则体形态设计

图 2-5-7 不规则体形态设计

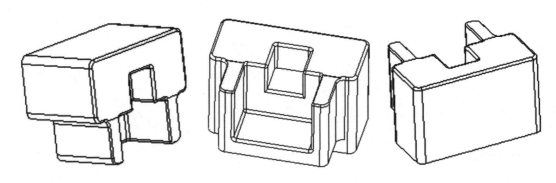

图 2-5-8　不规则体形态设计

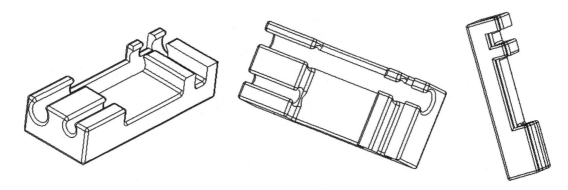

图 2-5-9　不规则体形态设计

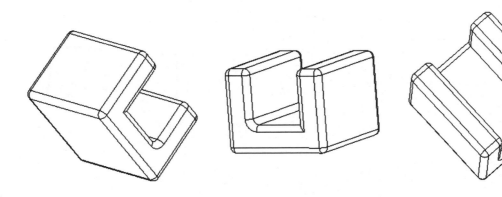

图 2-5-10　不规则体形态设计

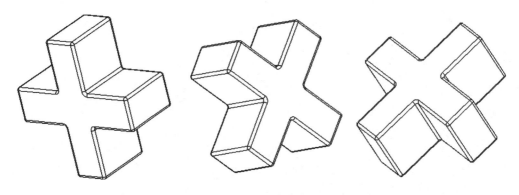

图 2-5-11　不规则体形态设计

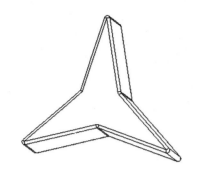
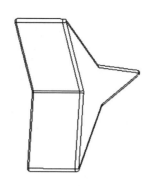
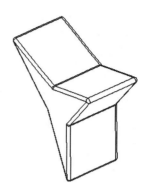

图 2-5-12 不规则体形态设计

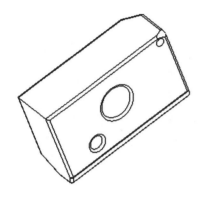
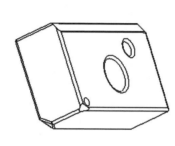
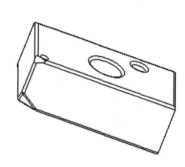

图 2-5-13 不规则体形态设计

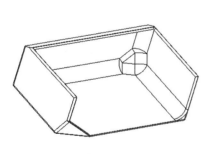
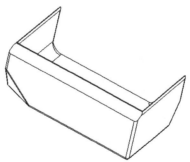
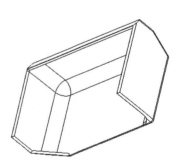

图 2-5-14 不规则体形态设计

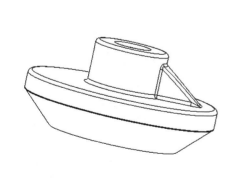
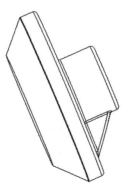
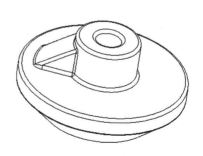

图 2-5-15 不规则体形态设计

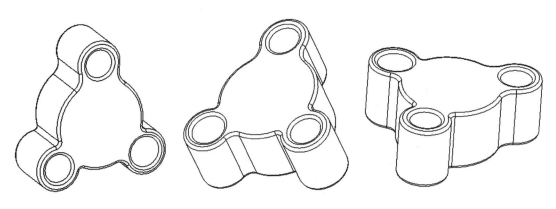

图 2-5-16 不规则体形态设计

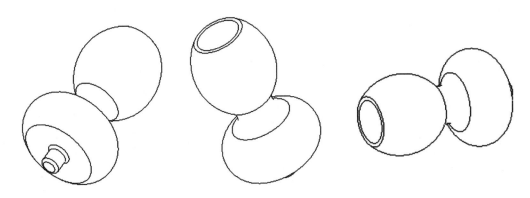

图 2-5-17 不规则体形态设计

图 2-5-18 不规则体形态设计

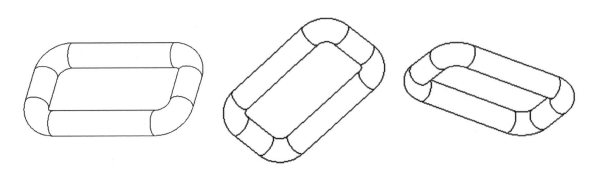

图 2-5-19 不规则体形态设计

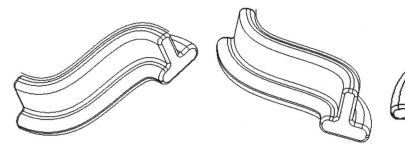

图 2-5-20　不规则体形态设计

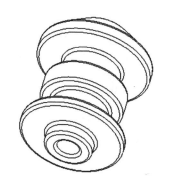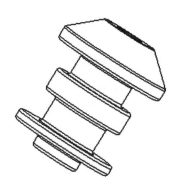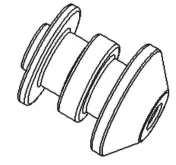

图 2-5-21　不规则体形态设计

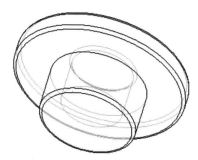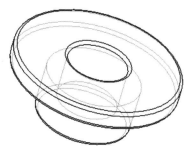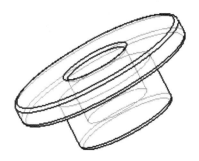

图 2-5-22　不规则体形态设计

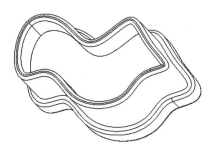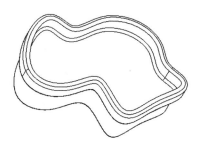

图 2-5-23　不规则体形态设计

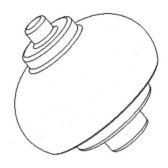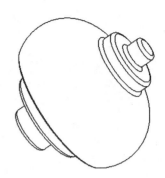

图 2-5-24　不规则体形态设计

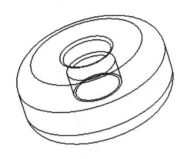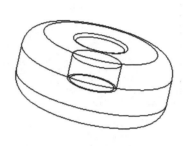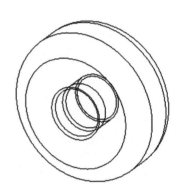

图 2-5-25　不规则体形态设计

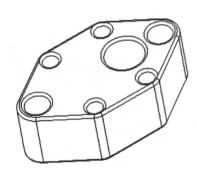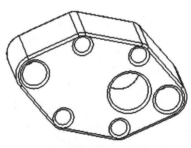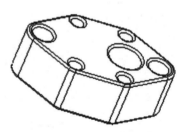

图 2-5-26　不规则体形态设计

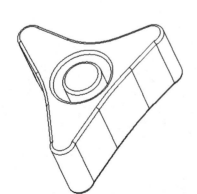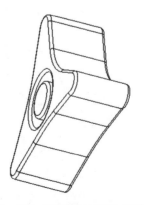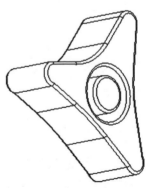

图 2-5-27　不规则体形态设计

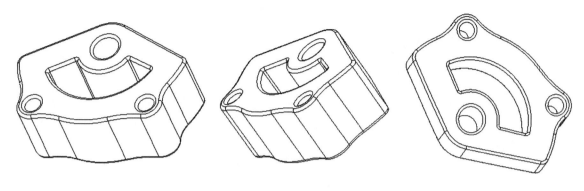

图 2-5-28 不规则体形态设计

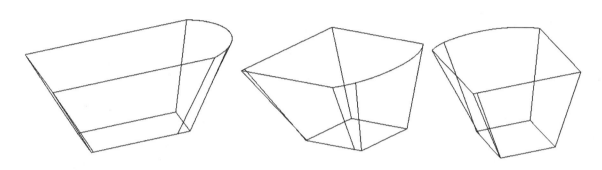

图 2-5-29 不规则体形态设计

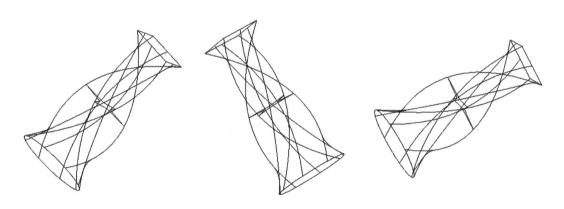

图 2-5-30 不规则体形态设计

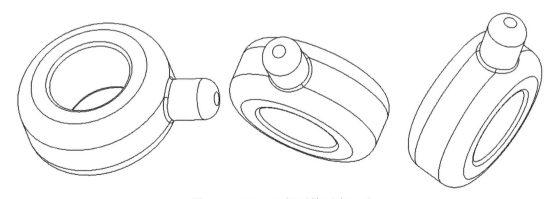

图 2-5-31 不规则体形态设计

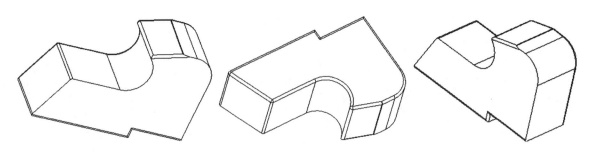

图 2-5-32 不规则体形态设计

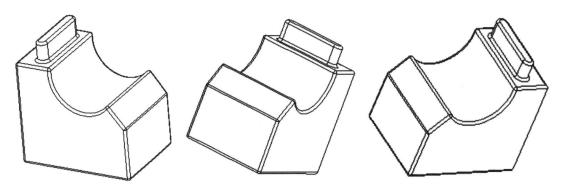

图 2-5-33 不规则体形态设计

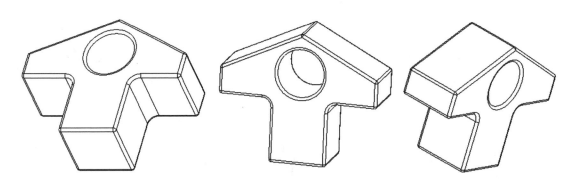

图 2-5-34 不规则体形态设计

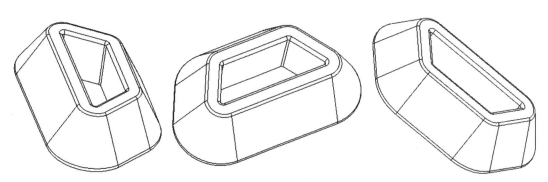

图 2-5-35 不规则体形态设计

（二）计算机辅助工业产品色彩设计

工业产品色彩设计是提供产品色彩方案、提高产品美学价值的重要载体。

1. 工业产品色彩的形成

在工业产品设计中，色彩形成与光源色、物体色和环境色有关。

光源色分为自然光和人造光。不同光源所呈现出的色彩感觉不一样，如太阳光、灯光等。

物体色即物体本身反射一定的色光，物体反射光波后会呈现出固有颜色。

环境色即环境与空间对物体色彩的影响。光滑的材质具有强烈的反射作用。

2. 工业产品色彩的构成

在工业产品色彩设计中，将两个以上的色彩要素按照一定的规则进行组合和搭配，可形成新的色彩关系。

（1）色彩和无色彩

色彩分为色彩和无色彩两类。无色彩包括黑、白、灰，反映的是明度；色彩包括红、橙、黄、绿、蓝、紫等颜色，反映的是明度、色相、纯度。不同色彩带有不同情感。了解色彩的心理作用，有助于在设计中明确色彩需求。

（2）色彩的三原色

三原色即光的三原色——红、绿、蓝（RGB），不等量的三种色光进行叠加、混合时，屏幕上会显示各种各样的颜色。红、绿、蓝三种色光等比例混合后为白光。

（3）色彩的三要素

即明度、色相和纯度。明度指颜色的明暗程度，明度越高，色彩越亮。色相即各类色彩的相貌称谓，黑白灰以外的颜色都有色相属性。纯度即色彩的饱和程度，指色彩的强度、浓度。

3. 工业产品色彩的感知与应用

工业产品类型多样、功能各异、色彩丰富。不同产品的色彩设计需根据其特点、材质和环境等要素进行选择。工业产品设计的色彩感知和色彩应用见表2-5-1。

表2-5-1　工业产品设计的色彩感知和色彩应用

色彩	色彩感知	色彩应用
白色	纯洁、坦率、干净等	婚纱、医疗卫生器具
黑色	罪恶、沉稳、阴暗等	汽车、服饰
黄色	尊重、辉煌、怀疑等	指示警示标志
红色	幸福、热烈、警告等	消防车、灭火器
蓝色	理智、平静、清凉等	科技产品
绿色	青春、生机、健康等	邮政，环保产品

除上表所列外，工业产品设计常用色彩还有橙黄、黄绿、蓝绿、红紫、橙红等。掌握色彩种类、属性、混合、对比、调和、错觉和情感，可以更合理、恰当地进行产品色彩设计。

4. 计算机辅助工业产品色彩设计

在工业产品设计方案的色彩调整中，Photoshop可以对设计方案进行色彩调整（如色彩平衡命令、自然饱和度命令、色相/饱和度命令、照片滤镜命令、通道混合命令、变化命令、匹配颜色命令、替换颜色命令、色调均化命令）和明暗调整（如亮度/对比度命令、色阶命令、曲线命令、曝光度命令、阴影/高光命令）。

色彩平衡是Photoshop中校正色彩的重要工具，可更改图像的暗调、中间调和高光的总体颜色混合，使图像整体色彩趋于所需色调。

自然饱和度是Photoshop中的色彩调整命令之一，重点对产品设计方案中不饱和的色彩进行调整，使图像整体饱和度趋于正常。

Photoshop中的色相/饱和度命令可以调整产品设计方案中某种色彩的色相、饱和度和亮度。

Photoshop中的照片滤镜命令，可以通过自定义滤镜颜色，将所需色彩应用于产品设计方案调整上。

Photoshop中的通道混合命令可以改变某些通道的颜色，使设计师对产品色彩方案进行富有创意的调整。

Photoshop中的变化命令可以显示产品设计方案色彩的调整效果，使用户直观、便捷地调整设计图像的色彩平衡、饱和度和对比度。

Photoshop中的匹配颜色命令可将两种产品设计方案更改为相似色调。

Photoshop中的替换颜色命令可以替换产品设计方案中的局部色彩。

Photoshop中的色调均化命令可以通过平均值调整，设定产品设计方案中色彩的整体亮度。

运用Photoshop的相关命令和操作，制作产品色彩设计方案（图2-5-36，图2-5-37）。

扫码显示
彩图

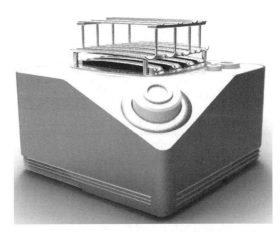

图2-5-36　产品色彩设计

图 2-5-37　产品色彩设计

（三）计算机辅助工业产品材质设计

材质可看作材料和质感的结合，工业产品的材质设计是增强产品质感和设计表现力的重要模块。在工业产品设计中，丰富的材料质地和多样的肌理质感可以赋予产品良好的外观与性能。

1. 工业产品材料的类型

工业产品材料多种多样，包括金属材料、无机非金属材料、有机材料、复合材料等。可按物质结构对材料进行分类（表 2-5-2）。

表 2-5-2　按物质结构划分工业产品材料

类型	类目
金属材料	黑色金属，如铁、铬、锰及其合金（钢，生铁，钛合金，铸铁）； 有色金属，如铜、铝、合金、金、银
无机非金属材料	石材、玻璃、陶瓷、石膏等
有机材料	木、皮、塑、橡等
复合材料	玻璃纤维、碳纤维等

按照形态，可将材料划分为颗状材料、线状材料、面状材料、块状材料等。

按照来源，可将材料划分为天然材料（如木、石、棉、毛、黏土、宝石、金属）和人工材料（包括胶合板、纸张、玻璃纸等加工材料和人造皮革、人造大理石、人造象牙、人造钻石等人造材料）两大类。

此外，工业产品材料若按照历史划分，则可分为石器时代的天然材料、矿物中提取的材料、高分子材料、复合材料等；若按结晶状态划分，则可分为单晶材料、多晶材料和非晶材料。

2. 工业产品材料的属性

材料类型繁多，不同产品材料具有不同属性，包括物理属性和化学属性（表 2-5-3）。

表2-5-3　工业产品材料的属性

物理属性		化学属性	
密度	某种材料单位体积的质量	抗酸性	抗氧化性
热能性	导热、耐热、热胀、耐燃、耐火		
电能性	导电性、电绝缘性		
磁能性	铁磁、顺磁、抗磁（金、银、铜）		
光能性	材料对光的反射、投射、折射性质		
强度	材料承受外力时抵抗变形的能力		
弹性	材料受到外力作用发生形变，去除外力后的复原性能		
塑性	材料受到外力作用发生形变，去除外力后不复原的性能		
脆性	材料受外力作用达到一定程度后，产生损坏而无明显变形的性能		
韧性	材料受外力作用后，发生变形而不被破坏的性能		
刚度	材料在受力时抵抗弹性变形的能力		
硬度	材料表面抵抗塑性变形和破坏的能力		
耐磨性	以磨损量作为材料耐磨性的衡量指标		

3. 工业产品材料的表面处理

工业产品材料的表面工艺性指原材料或经过成型加工的半成品，在对其表面进行处理时所表现出的性能。表面处理可以保护材料本身，赋予产品外观美和更丰富的性能，增强产品的耐用性、耐久性和表面装饰效果。基于用户的感知觉系统，不同材料会给人以不同的感受，有助于增强工业产品的实用性、宜人性，塑造工业产品的精神品位。

在工业产品材料选择中，必须坚持实用性、公益性、经济性和环境性相统一原则。同时着重考虑产品的可拆卸性、可回收性、可维护性和可重复利用性等功能目标。在设计与生产中，注意减少对材料与能源的消耗，节约资源，减少污染，使工业产品设计与制造过程对环境的综合影响和资源消耗尽可能降到最小。

4. 计算机辅助工业产品材料设计

综合利用3D渲染和动画制作软件KeyShot，可以进行产品材质的选择和渲染。

KeyShot具有如下特点：

一是界面简约。KeyShot用户界面相对简单，且提供相关的必要选项，有助于提升工业产品设计的可视化效果。

二是渲染快速。KeyShot使用独特的渲染技术，渲染速度快，可提升工作效率。

三是实时显示。KeyShot可以对设计产品的材料、灯光和相机等进行实行调整和效果显示。

在KeyShot中，通过访问材质库、浏览和选择材质（金属、塑料、玻璃等）、应用材质到模型（将选择的材质拖拽至 3D 模型上）、编辑材质属性（调整颜色、纹理或反射属性等）、保存和导出等操作，可以完成产品效果图的渲染。此外，KeyShot 还提供了自定义材质包，为用户打造高灵活性的创意空间。KeyShot 中的部分产品材质见表 2-5-4。

扫码显示
彩图

表 2-5-4 KeyShot 部分产品材质

材质	展示	材质	展示
艺术玻璃		金箔	
镭射玻璃		拉丝不锈钢	
夹丝玻璃		拉丝金属	
水纹玻璃		金属底纹	
肌理布纹		丝绸纹理	
绒布材质		荔枝纹皮纹	

续表

材质	展示	材质	展示
皮革		木纹	
木纹		石材	
石材		砖材	

  计算机辅助工业产品设计模块还包括人机模块、装饰模块、评价模块、管理模块、表达模块等。随着科技化、信息化、智能化、创新化和敏捷化进程的不断推进，基于计算机科学、美学、设计学、心理学、工程学、社会学、环境学等多学科的计算机辅助工业产品设计迅速发展，并在多个领域取得了显著进步。现今计算机辅助工业产品设计已成为现代产品设计的重要技术工具。不仅如此，人工智能、虚拟现实、数字化设计、优化设计、集成化设计、网络化设计、协同设计、并行设计、敏捷设计、全生命周期设计等设计模式和框架也正在进入计算机辅助工业产品设计领域，且应用不断深入。

第三部分

计算机辅助工业产品设计云服务平台

发展工业设计及相关服务已成为各国提高创新能力的重要选择。目前，发达国家的工业设计服务发展已进入更高阶段，被看作创新经济时代的战略选择与政策组成和保障自然社会环境可持续发展的战略性工具。许多国家都制定了相关行动计划和战略，发挥工业设计作为技术服务提供者的潜在优势，将其作为整合国家创新资源的工具，并与"国家品牌"战略相联系。许多工业化国家将工业设计作为国家创新战略的重要内容，以培养设计人才、振兴设计产业、创建设计文化为手段，借助设计整合科技、制造、商业、文化等资源，以提升本国产品的竞争力和附加值，打造知名品牌。

目前，我国在计算机辅助工业设计领域取得了一些可喜的成绩，特别是在产品设计、展示设计、环境设计、视觉传达设计、服装设计、建筑设计、界面设计、文化遗产数字保护设计等领域。2014年，国务院发布《关于推进文化创意和设计服务与相关产业融合发展的若干意见》，指出"文化创意和设计服务具有高知识性、高增值性和低消耗、低污染等特征"。"推进文化创意和设计服务等新型、高端服务业发展，促进与实体经济深度融合"，有助于改善产品和服务品质，满足人民群众的多样化需要，催生新业态，带动就业，推动产业转型升级，促进经济结构调整，实现由"中国制造"到"中国智造"的转变。推进工业设计与相关产业融合发展已成为重要的发展战略。接下来在进一步提升和优化方面应该注意：

加强公共研发服务平台建设。发展研发设计服务业，提高创新设计能力。积极培育第三方工业设计机构，将工业设计服务支撑范围扩展到产品生命周期全过程。建立重点行业产品设计通用数据库、试验平台及设计服务平台，促进设计资源的共享利用。建立专业化设计服务标准和管理体系，促进各类专业性设计机构的集聚发展。提高科技服务能力，加速科技成果转化，促进科技服务产业化，做大做强科技服务业。

设计是一种创造性活动，其目的是为产品、过程、服务及其在整个生命周期中构成的系统构建多方品质保障。工业设计是将科技成果转化为生产力的关键环节，是打造品牌、提升市场竞争力的重要抓手。工业设计是制造的起点，是制造产业链的龙头，是促进转型升级的利器。从制造大国走向制造强国，乃至创造强国，必须重视工业设计，抓住这一创新龙头，为创新驱动战略提供新的推动力。

强化工业设计云服务平台与行业设计服务平台的结合，是解决设计链闭环中各个环节关联障碍问题的重要手段。传统的工业设计服务主要是面向特定区域提供本土化产品工业设计、人才培养、资源共享、信息传播等低端服务，其劣势是资源分散，无法解决设计中各环节的关联障碍问题。工业设计行业资源闲置和高端资源缺乏问题并存，造成设计资源的极大浪费及与设计链的脱节。因此，迫切需要整合各行各业全产业链闭环中创意设计开发、仿真分析、生产制造、产品营销及发展需求，建立资源有效集聚、开放共享、上下游协同的第四方服务平台。

云计算技术可为工业设计云服务平台的建设提供技术性支持。云计算服务（Iaas服务模式、Saas服务模式、Paas服务模式）、云应用（云物联、云安全、云存储）及云技术（虚拟化、自动化部署、应用规模扩展、分布式文件系统、分布式数据库与非结构化数据存储、分布式计算）均为构建工业设计云服务平台奠定了基础。将互联网云计算红利与设计资源充分结合，创新价值链服务模式，建设以互联网、云服务等技术为基础，整合工业设计创新能力、行业化技术研发能力和区域化定制生产能力的设计云服务平台，打造全新的商业模式，为我国制造业的转型升级提供源源不断的动力。

工业产品设计云服务平台是新兴的设计服务模式载体，是将现有网络化设计和服务技术同云计算、云安全、高性能计算等技术相融合，以实现各类设计资源统一、集中的智能化管理经营，为产品全生命周期提供可随时获取、按需使用、安全可靠的各类设计服务。

以满足用户需求为目标，依托多样化产品设计方案，构建产品设计微型数据库，数据库中包含产品设计方案、产品类型、产品名称、产品特点、用户需求、产品形态、产品色彩、产品材质、产品结构、产品工艺等信息，基于数据库资源构建工业产品设计云服务平台。

一、工业产品设计云服务平台的特点

随着云服务、云计算时代的到来，工业产品设计云服务平台也能够运用相应的接入技术和虚拟化技术，实现设计资源的网络化集中共享。通过对各类设计资源、设计能力的虚拟化、服务化统一集中管理，实现敏捷化、服务化、绿色化、基于知识创新的设计。云设计的核心理念是通过设计资源和设计能力的服务化共享，实现分散式设计资源的服务化封装和集中、统一管理与运营。工业产品设计云服务平台正是这一理念的体现与实现者，它具有如下特点：

（一）多用户参与

工业产品设计云服务平台是一个强调资源服务化共享的开放性系统。通过将资源分散共享，使更多用户能够参与其中，是一种面向多用户的制造模式。同时，平台能提供更加专业化、多元化的服务。基于云计算技术，为云设计提供大量分散式资源服务的有效管理和运营，使云设计在这种多用户、多任务的环境下，更好地展现灵活性、伸缩性和扩展性。

（二）大规模协同

基于物联网、虚拟化等技术支持，在丰富工业产品设计云服务平台设计服务内容的同时，利用智能化服务推荐等技术，实现大规模设计协同与共享，使云设计环境中的企业能够基于整合的资源、信息、能力和知识开展工业设计活动。

（三）资源共享

基于现代信息技术的工业产品设计云服务平台可为用户提供实时性云服务，包括数据采集、数据计算和数据集成。整合云服务平台中的设计资源，收集、整理、储存、传递评价资源信息，提高信息技术利用的信效度和敏捷性。

（四）动态管理

工业产品设计云服务平台引入用户参与设计的过程方式，以用户需求为出发点，准确把握用户需求和市场动态，加强服务运营管理，实现面向产品设计的网络化动态服务模式的新变革。

在设计服务管理方面，为企业和设计师提供在线设计辅助工具、设计工程技术、协同设计技术等服务，按照服务内容进行合理收费。在设计资源管理方面，为企业和设计师提供人机工程数据支持、设计案例资源库支持、设计趋势分析、用户需求数据等服务，按照服务内容进行合理收费。

（五）线上线下渠道融合

在工业产品设计云服务平台上建立设计资源的共创、分享平台，实现设计、制造和销售一体化服务，为制造业转型升级提供动力。线上以网络社区为主，提供创意产品设计服务；以电子商务为辅，助力产品销售。线下以生产制造为依托，生产、销售商品。线上线下相互促进，构建立体式创意产品设计、生产、销售模式。

（六）盈利方式多样

工业产品设计云服务平台的盈利方式有设计资源服务收入、设计技术服务收入、线上线下产品销售收入等。另外，平台可实行会员制。平台建成后，其成本主要是运营维护成本、工业产品设计线上线下制造销售成本等。

二、工业产品设计云服务平台类型

为实现分散设计资源的服务化封装和集中、统一的管理与运营，国内外出现了大量将个人或团队设计创意转化为经济效益的网络服务平台。其类型主要有：

（一）工业产品设计云服务平台

工业产品设计云服务平台在家具、饰品、玩具等行业掀起了一场设计和商业模式的新浪潮。代表性平台有"工业设计社区众包＋设计孵化＋设计销售"平台、"设计孵化＋设计 B2C 商城"平台、互联网众筹平台、设计资源在线开源分享平台、家具设计孵化与加工定制平台、为用户提供在线设计解决方案的服务平台、以设计空间为主要内容的服务平台等。

（二）工业产品制造云服务平台

工业产品制造云服务平台通过整合制造资源实现资源共享。代表性平台有为用户提供三维打印定制服务的平台，为用户提供多种线上建模方式的平台，集销售、定制、设计于一体的平台，用户可以上传自主设计的三维模型并选择打印材料和材质的平台，以全新三维视角呈现产品和创意的互动平台等。

（三）工业产品管理云服务平台

工业产品管理云服务平台通过整合有效资源，实现可视化、层次化管理。代表性平台有利用众包方式让用户参与产品开发过程的平台、为分散用户提供高效与持续管理服务的平台，以及提供与云应用生命周期相关服务的平台等。

三、工业产品设计云服务平台技术

工业产品设计云服务平台技术丰富多样。主要有：

1. 用户需求挖掘技术

用户是工业产品设计的服务核心。用户主观需求研究用以分析用户需求信息，指导企业设计生产。用户需求分析过程包括用户需求获取、分析及转换等阶段。客户需求获取的常用方法有选择菜单法、洽谈法、基于网络的交互式对话法等。用户提供的数据往往量较，且有显性与隐形之分。目前对用户数据的研究主要集中在用户主观需求研究与用户行为分析两个方面，对用户反馈技术的研究主要集中在智能推送技术。

2. 用户行为分析技术

随着互联网技术的飞速发展，互联网用户行为分析技术愈加成熟和完善，用户行为分析也愈发精确，越来越多的智能化分析工具和专业公司出现。

通过用户行为数据的挖掘、统计、学习，聚焦互联网事件，发现、跟踪网络话题，并据其进行用户行为网络信息传播趋势预测，从而实现以用户为中心的工业产品设计与服务。

3. 智能推送技术

智能推送技术是为了提高基于计算机网络的信息获取效率。在应用形式上，智能推送技术得到广泛发展，根据用户兴趣，定期或不定期地发送信息，着重从用户角度出发，设计服务的内容和形式。近年来，百度云、联想等多家企业已经针对客户开展云智能推送服务，帮助开发者把信息稳定地推到用户终端，站在用户的角度打造用户体验，让用户更好地接受并享受云推送带来的便利。

4. 感性意象技术

在工业产品设计领域，感性意象的研究主要集中于用户对产品的感知，间接反映了用户的情感需求及心理评价标准。感性意象研究涉及很多学科，如设计心理学、情感计算、设计符号学、人机工效学、感性工学等。而不同客体情感意象的差异也是客观存在的。感性意象的形成会随着人的阅历、知识储备、生活环境等因素的改变而有所变化，不同用户对同一工业产品的感性意象会有所不同。

5. 知识库构建与管理技术

工业产品设计知识库是用来获取、共享、再利用设计知识的智能化信息模型系统。知识库系统使产品在全生命周期中各阶段的知识表示、获取、分享及再利用成为可能。设计知识库主要涉及专利文献、技术规范标准和人机工程学测量数据等，是设计师开展设计工作的重要知识基础。通过工业产品设计知识库的构建，打通相对完整的工业产品设计闭环，赢得良好的设计发展环境。

6. 人机数据在线支持技术

在工业产品设计过程中，为避免设计者频繁陷入枯燥的人机工程学数据计算和查询中，可以利用智能化人机工程设计支持系统，直接取得人机工程学的全面设计支持，从而快速、高效、准确、合理地完成产品设计。智能化人机工程设计系统可提供人机参数查询、设计向导等服务。

7. 集成服务发现技术

实现智能、高效的云服务搜索与匹配是设计云服务平台服务发现机制的首要任务。服务发现机制可最大限度地提高资源和服务的访问有效性，包括资源和服务的注册、访问、管理和维护等。在工业产品设计过程中，不仅要考虑设计资源的多样性与复杂性特点，开发适合设计云的服务选择与匹配算法，还应具备资源可用状态的识别功能，以满足云设计不同层次的应用需求。

8. 协同创新与综合评价技术

在信息化、网络化发展的大趋势下，需要合理规划不同的知识创新模块，并对其进行统筹安排与管理。目前协同创新与综合评价技术在网络化协同创新理论与框架、协同创新平台与方法等方面取得了一定成果，但仍存在不足之处。大部分研究侧重于可行性分析，多数停留在概念及理论研究层面，而网络化协同工业产品设计与评价模型、方法的实际应用还需不断深化。

四、工业产品设计云服务平台架构

工业产品设计云服务平台由集成在同一个云环境中的各类资源提供方、服务需求方和平台运营方构成。通过服务需求方创造市场、资源提供方提供资源和服务、平台运营方管理平台，实现交易价值最大化。平台运营方的利益建立在服务需求方和资源提供方利益的基础之上，通过交易固定费用、分成费用、平台设计过程管理租赁费用等方式实现平台运营方的利益。

工业产品设计云服务平台的架构如图3-4-1所示。

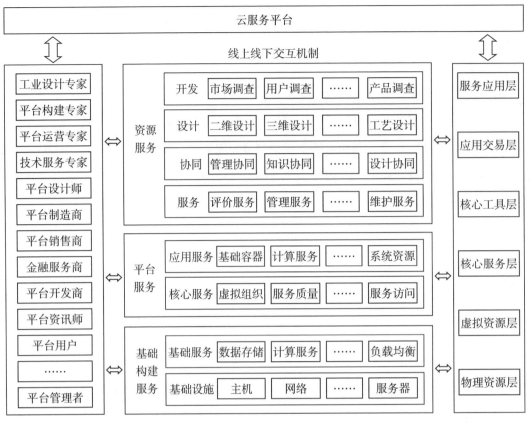

图 3-4-1　工业产品设计云服务平台架构

（一）物理资源层

物理资源层是云平台的支撑基础，为云平台的规范运营提供数据存储、数据计算、数据管理等基础服务。

（二）虚拟资源层

集聚云模式下分散异构的服务资源，将物理信息资源向虚拟资源转换，使云模式下的操作系统与应用程序支持服务平台之间的资源实现整合与共享。

（三）核心服务层

为云模式下不同身份的用户提供统一的访问入口，提供云端存储服务接入、资源服务质量管理、需求资源价值分析、服务团队偏好优选、设计方案评价等服务内容，以实现基于云平台的知识共享、资源优化配置、设计评价的提升和突破。

（四）核心工具层

核心工具层为核心服务层提供支撑工具，通过建立线上线下交互式服务机制，基于云平台上的需求发布、知识管理和设计评价等服务模块，为云模式下的用户提供需求管理、需求分析、资源匹配、协同设计、方案评价、交易管理等工具支持。

（五）应用交易层

应用交易层以满足用户需求为目标，通过对云模式下的各类资源进行虚拟化、服务化统一集中管理，实现服务资源的开放共享和优化配置，提供设计、评价、生产、经营、管理等服务交易项目。

（六）服务应用层

服务应用层结合相应的接入技术和虚拟化技术，实现设计资源的网络化集中共享，用户可全程参与项目信息交互过程。

五、工业产品设计云服务平台应用

（一）平台开发环境

以 Eclipse 为主要开发环境的编程语言主要有 JS（JavaScript）、J2EE（Java 2 Platform Enterprise Edition）及 PHP（page hypertext preprocessor）。通过将 PHP 语言嵌套入 HTML（hypertext markup language）语言中，实现前端平台与后台数据库的链接，从而进行数据计算、筛选和修改操作。运用 MySQL 进行数据库构架，针对平台各功能模块，分别建立支持不同模块的多个数据表，设置相应的数据关联，构建平台数据库。

工业产品设计云服务平台结构见图 3-5-1。

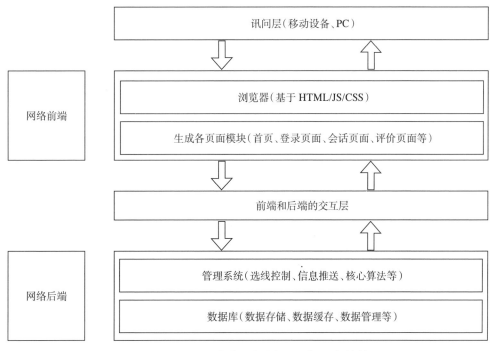

图 3-5-1　工业产品设计云服务平台结构

（二）平台设计内容

工业产品设计服务平台一方面为用户提供交互式信息服务，结合用户需求，建立资源有效集聚的服务平台，用户可对所需信息进行浏览、处理、存储和传递，从而实现产品概念设计方案评价全过程、全方位的信息服务共享。另一方面，平台为用户提供注册登录、需求发布、信息推送、资源共享和方案评价等功能服务，通过建立专业化的评价标准和管理体系，为产品设计与评价提供支持。工业产品设计云服务平台包含如下内容：

1. 产品设计资源

为对平台错综复杂的服务资源进行有效集聚和利用，运用 MySQL Server、JDBC（Java DataBase Connectivity）、DAO（Data Access Object）、JNDI（（Java Naming and Directory Interface）等技术，对分散、异构的产品设计服务资源进行有效管理，以达到规范各类资源、实现产品设计资源集聚与共享的目的。

2. 产品设计需求

为实现基于用户需求的产品概念设计，建立用户与平台的良好交互关系，用户可以通过交互界面向数据库提供相关信息，并获得有效资源，利用 JSP（Java server page）、JS、HTML 和 CSS（Cascading Style Sheets）技术来实现界面交互。

3. 产品设计管理

以 PKI（Public Key Infrastructure）和 CA（Certificate Authority）技术为核心，构建面向产品设计专家的统一信任管理平台。集成注册服务和电子密钥管理系统，提供静态用户名和数字证书等多种认证方式，实现集中、全面、有效的专家管理，更好地实现业务系统整合和内容整合。

4. 产品设计展示

通过 WebGL 技术将产品进行虚拟化展示，利用计算机网络技术为用户营造身临其境的感受。WebGL 可以为 HTML5 Canvas 提供三维视角的动态展示功能，用户可以自由地观察产品的不同角度。

5. 产品设计评价

为有效实现平台产品设计方案的评价，利用 Java 语言的 Spring MVC 编程思想、Java 语言的软件开发工具包 JDK（Java Development Kit）和 Tomcat 服务器来实现产品设计方案评价与选择等相关技术功能。前端利用 Visual Studio Code 工具，后端利用 Visual Studio 工具构建应用程序。

工业产品设计云服务平台内容见图3-5-2。

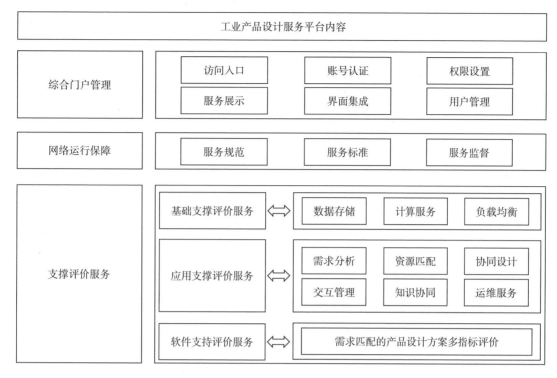

图 3-5-2　工业产品设计云服务平台内容

（三）平台应用流程

1. 用户注册与登录

为加强信息安全管理，搭建可靠性、有效性兼具的产品设计服务云平台，基于注册认证机制，构建后台数据库服务端和浏览器客户端之间的交互关系。通过实名制注册认证机制，对即将接受服务的人员的真实综合资质进行审核。系统根据用户注册信息中的个人资料（从事行业、擅长业务等信息），将用户划分为服务需求方、服务提供方和服务中立方（既不提供服务又不需要服务的普通注册用户）。用户注册并登录成功后，可以对产品设计服务云平台中的各类资源与服务进行浏览与运用。

2. 产品设计需求获取

基于平台需求提交功能，服务需求用户，将项目任务以规范化的形式发布至数据库交流模块。数据库决策者以基于用户网络调查的任务需求为主要依据，参照用户互联网行为，对任务需求信息进行获取和整理。决策者利用定量分析方法对任务需求信息的重要程度进行定量分析，并将其中相对重要的需求信息指标转化为评价指标。

3. 产品设计服务团队组建

依据用户发布的任务需求，利用信息推送功能，将任务信息推送至平台服务提供方信箱。服务提供方（任务参与者）是为服务需求方（任务需求发布者）提供产品概念设计与评价的服务主体，主要包括不同领域的设计师、工程师和制造商。服务提供方根据个人兴趣和专业范围对发布任务提出参与申请，后端决策者再将申请参与任务的服务提供方信息推送给用户，由用户自主选择或组织参与该任务的服务团队成员（包括设计团队成员、评价团队成员和制造团队成员），也可以由数据库决策者结合定量分析方法来实现服务团队的构建。

4. 产品设计共享展示

设计团队成员依据平台提供的各类共享信息，获取设计灵感，并利用产品交互式进化设计工具辅助完成方案设计，再将产品设计方案提交并上传至平台方案样本库。为有效地从大量设计方案中优选方案，将已获设计者授权的产品设计方案共享至产品平台主界面，并邀请注册用户采取点赞、评星或添加文字标签的方式进行评价，最后将综合评价较高的产品设计方案展示或推送给用户需求方。

5. 产品设计多目标评价

为优选满足用户需求的产品设计方案，邀请用户需求方登录产品设计方案多指标评价系统。该系统包括网络前端展示和网络后端管理模块。网络后端模拟产品设计方案评估机制，构建产品设计方案需求信息评价值与评价指标之间的关系模型。基于产品设计方案需求匹配和多指标评价的网络前端展示界面，用户选取描述产品设计方案的关键词。系统依据需求信息数据库和评价指标数据库，筛选出满足用户需求并体现多个评价指标的产品设计方案。

工业产品设计云服务平台的应用流程见图3-5-3。

（四）平台案例展示

通过产品设计资源整合、需求整合和按需优化配置，构建整合设计、用户、专家、需求、评价等资源的工业产品设计云服务平台，为实现产品设计资源的分布式异构与动态智能匹配提供一站式服务。在未来，工业产品设计数据库和云服务平台将不断更新和完善，有效支持制造业的转型升级。

此处以某工业产品设计云服务平台为例，进行案例展示与说明。

1. 用户注册与登录系统

该平台是一个以支持工业产品设计与评价为主要任务的服务平台，通过资源和需求整合，推动产品设计与评价向信息化、智能化方向发展。为解决产品设计过程中用户与设计师存在的认知差异、设计资源与用户需求匹配，以及产品设计方案评价过程未能充分考虑用户需求等问题，分别构建产品意象映射系统、产品交互式设计系统和产品设计方案多指标评价系统。用户注册并登录平台后，可浏览平台上的各类共享资源。

2. 需求发布系统

在完善用户信息的基础上，利用交互式对话技术，由用户输入任务需求描述，主要内容包括交易类型、需求类别、需求名称、产品定位、功能特色、细节要求等。利用云平台的需求发布和需求提交功能，将重要的需求信息进行规范化存储，构建设计任务需求数据库。

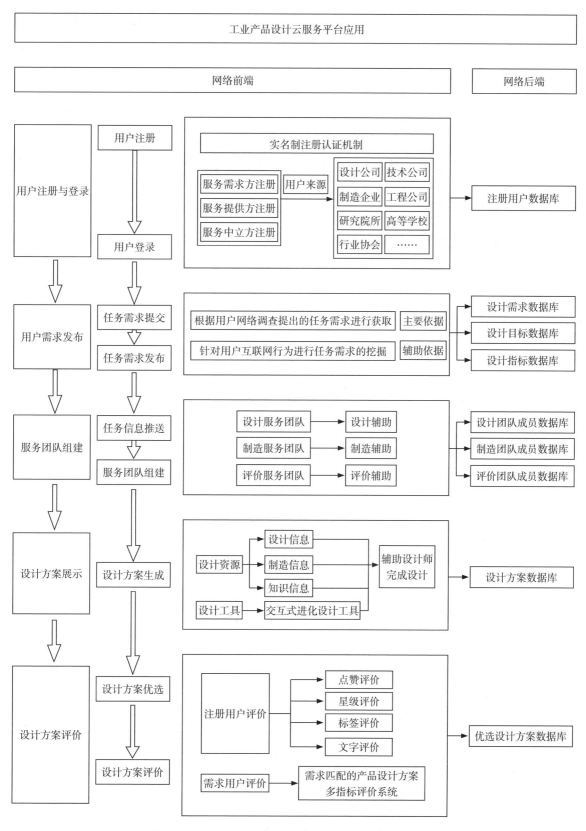

图 3-5-3 工业产品设计云服务平台应用流程

利用产品设计方案需求分析方法和转化工具，平台决策者对需求信息的重要程度进行定量分析，为构建科学、合理的设计评价指标体系提供依据，也为评价系统网络后端数据库提供信息支持。

平台创意需求发布界面如图3-5-4。

图3-5-4　需求发布界面

3.服务团队组建系统

基于设计任务需求，利用云平台的信息推送功能，将任务信息推送至服务提供方信箱。服务提供方根据个人兴趣和自身专业，对设计任务提出参与申请。平台后端决策者将申请参与该任务的服务提供方信息推送给用户，由用户选取服务提供方或组织设计服务团队。平台服务团队组建界面如图3-5-5。

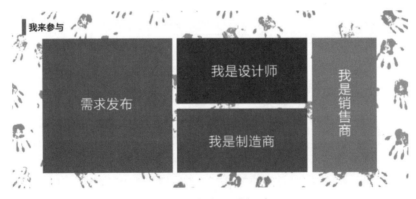

图3-5-5　服务团队组建界面

4.方案共享系统

参与设计任务的团队成员依据平台提供的各类共享设计信息、制造信息和知识信息，获取设计灵感。可根据用户需求独立完成方案设计，也可利用平台交互式产品设计系统辅助完成产品方案设计。

交互式产品设计系统以满足用户设计语义为主要目的，基于神经网络和遗传算法，通过构建产品设计意象词汇与产品造型设计要素间的关系模型，基于虚拟仿真技术开发。交互式产品设计系统界面如图3-5-6。

图 3-5-6 交互式产品设计界面

该系统不仅支持云平台用户进行自主产品设计，还能辅助设计师进行产品设计，通过参数设置（选择设计语义和设计要素）、造型生成和方案调整，完成工业产品方案的辅助设计。设计师将设计方案提交并上传至云平台。方案共享界面如图 3-5-7。

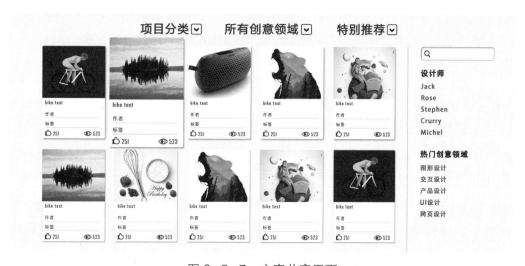

图 3-5-7 方案共享界面

5. 方案管理系统

该平台将设计师上传的各类设计方案储存在云平台的方案样本数据库里。

为高效地从汇集大量方案的数据库中快速筛选出符合需求的方案并将其提交给用户，平台将已获设计师授权的方案共享于云平台中，注册用户可对这些方案进行评价，包括点赞、文字评价、星级评价及标签评价。

基于平台设计方案评价系统的后端管理数据库（图 3-5-8），综合用户对设计方案的评价，参考文字评价和标签评价，将点赞数量较多、星级较高或有相应标签的设计方案作为优选方案推送给用户。

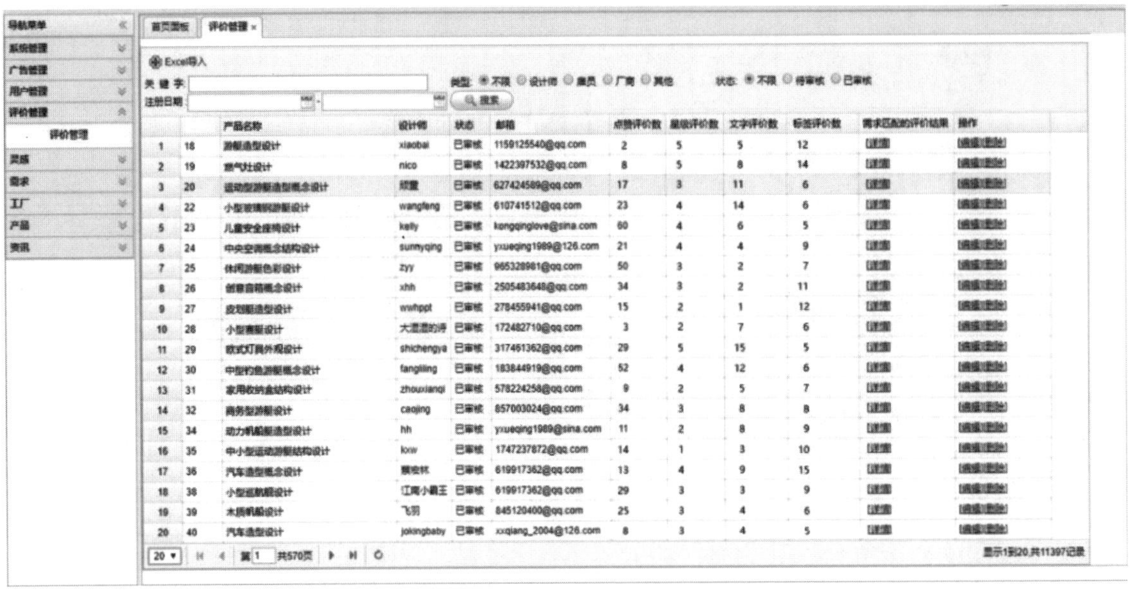

图 3-5-8　后端管理数据库

6. 方案评价系统

为帮助特定用户进一步从优选方案集中筛选出符合需求的目标方案，提高用户对方案推送结果的满意程度，利用产品设计方案多指标评价系统，助力用户进行方案优选。

通过平台产品设计方案评价系统接口，进入云模式下需求匹配的方案评价系统登录界面。由于平台注册用户身份复杂，既包括服务需求方和资源提供方，又包括不深入参与平台活动的普通注册用户。为保证产品方案评价服务的强针对性，保护知识产权，该评价系统仅对发布设计需求的特定用户开放。

通过云平台前端调用后端接口，后端接口实时从数据库中查找和读取数据，将渲染数据提交到前端界面，从而实现云平台中前端和后端数据的有效交互。依据设计方案评价后端数据库，在产品设计方案多指标评价系统主界面中，特定用户选择需求关键词或输入需求信息词的相关赋值，系统即可提供与需求相匹配的设计方案。

以评价系统生成的与需求关键词相匹配的设计方案为例，依据平台某产品设计方案后端数据库，生成多维评价结果雷达图，以更直观的形式帮助用户科学、合理地获取满足需求的产品设计方案样本。基于虚拟展示技术，通过设计方案的动态展示，用户可以从不同角度评价目标方案，快速筛选出与需求相匹配的设计方案。

平台方案评价界面如图 3-5-9。

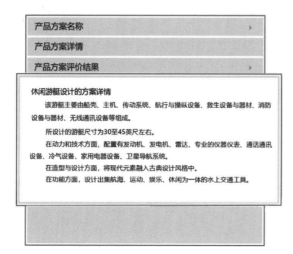

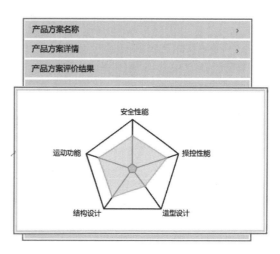

图 3-5-9　方案评价界面

第四部分

计算机辅助工业产品设计作品
暨产品设计数据库

以工业产品为对象，以设计服务平台为载体，利用计算机辅助设计软件进行工业产品创新和优化设计。计算机辅助工业产品设计是一门涉及美学、心理学、设计学等多个领域的交叉性综合学科。通过发散设计思维，研究用户真实需求，设计兼具美观性与功能性，具有高品位、高品质，充分满足用户需要的产品。

计算机辅助工业产品设计是"中国智造"的重要力量之一。小到一粒纽扣，大到一架飞机，都属于产品设计。生活处处离不开工业产品，也离不开工业产品设计。计算机辅助工业产品设计是提升企业竞争力的主要抓手。工业产品设计以创造未来产品为基石，以创造人类美好生活为目标。

一、家具产品设计

家具产品包括床、床头柜、衣柜、沙发、餐桌、办公椅、梳妆台、文件柜、玄关柜、屏风、吧台、角柜等。同一类型的家具在风格、款式、尺寸、材质等方面亦各有特点。家具产品与日常生活息息相关，具有高度实用性，在方便生活的同时，满足人们对舒适、美观和高品质生活的追求。

（一）多功能书柜设计（图4-1-1至图4-1-9）

这款具有书桌功能的书柜由柜体和书桌体两部分组成。柜体内部设有滑道，当用书桌看书时，可拉动拉手，顺着滑道把书桌主体拉出来，并从书桌中进一步拉出柜门，作为书桌的支撑与延展。当不使用书桌时，可把柜门和书桌顺着滑道推回书柜，这样既节省了书桌的占地空间，又不影响书桌的功能。

附图：1. 书柜柜体；2. 书架；3. 书桌滑道；4. 可滑动的书桌主体；5. 可伸缩的书桌附体；6. 拉手；7. 支撑书桌主体的可滑动柜门；8. 柜腿；9. 柜门滑道。

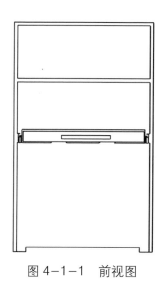

图4-1-1　前视图

图4-1-2　后视图

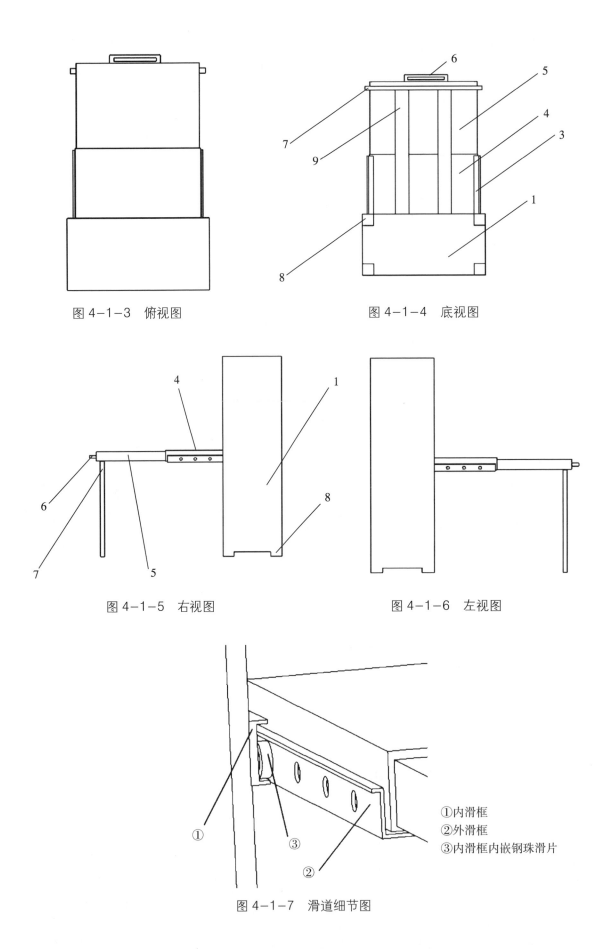

图 4-1-3 俯视图

图 4-1-4 底视图

图 4-1-5 右视图

图 4-1-6 左视图

①内滑框
②外滑框
③内滑框内嵌钢珠滑片

图 4-1-7 滑道细节图

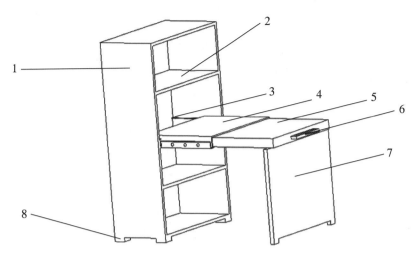

图 4-1-8 效果图

图 4-1-9 效果图

（二）母子椅设计（图 4-1-10 至图 4-1-17）

这款母子椅具有储物功能，由椅子主体和椅子附体构成。椅子附体可以完全插入椅子主体内部，节省占地空间，具有两把椅子的使用功能。在椅子附体的座位下部设有可以伸缩的储物箱，可用于放置杂物。在椅子附体的靠背背面设有可插夹报纸、书刊的插槽，方便用户随手拿取、放置书刊。此外，椅子主体侧面还设有小茶几，通过合页页片上的销钉连接和固定茶几，茶几可随意翻折，不用时折起，可节省空间。茶几上还有放杯子的凹槽。

附图：1. 椅子主体；2. 椅子附体；3. 可伸缩的内部储物箱；4. 可折叠小茶几；5. 连接茶几和椅子主体的合页；6. 固定合页页片的销钉；7. 放茶杯的凹槽；8. 插夹报纸、书刊的插槽；9. 抽放椅子附体的凹槽（手握处）。

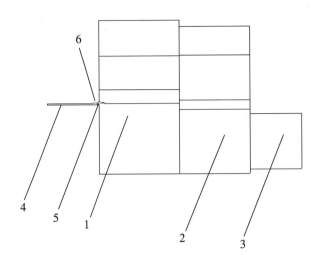

图 4-1-10 前视图

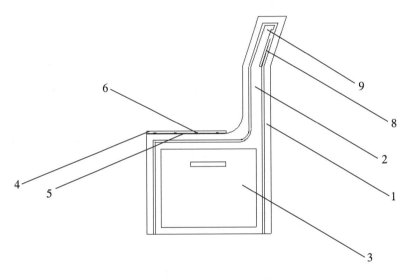

图 4-1-11 右视图

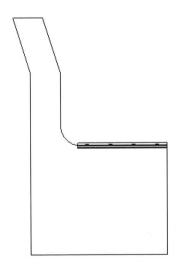

图 4-1-12 左视图

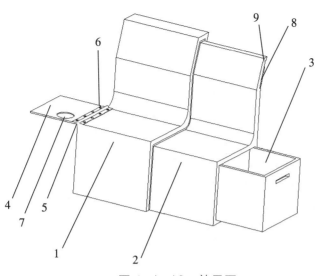

图 4-1-13　效果图

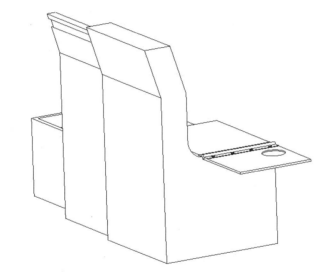

图 4-1-14　效果图

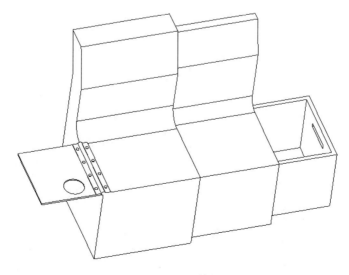

图 4-1-15　效果图

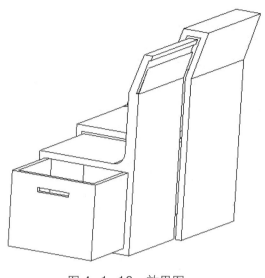

图 4-1-16　效果图

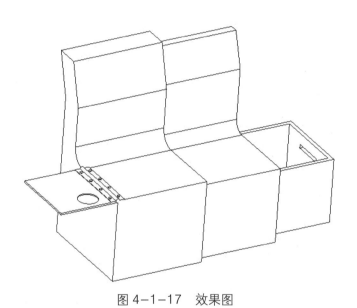

图 4-1-17　效果图

（三）多功能摇椅设计（图 4-1-18 至图 4-1-25）

这款多功能摇椅带有婴儿床，并有储物与晾衣功能，由摇椅上部的座位、婴儿床和摇椅下部的支撑体组成。在摇椅上部，通过合页上的销钉连接座位靠背和晾衣架，晾衣架可自由折叠，用户在摇摇椅照顾婴儿的同时，可以晾晒较小的衣物。在摇椅下部的支撑体内部还设有储物空间，可放置奶瓶、尿不湿等婴儿用品或其他杂物。另外，在摇椅的脚踩部分还设有防滑的凹凸槽，便于家长控制摇晃力度。

附图：1. 摇椅座位；2. 婴儿床；3. 晾衣架；4. 连接晾衣架和摇椅座位靠背的合页；5. 合页上的销钉；6. 摇椅座位与婴儿床的支撑体；7. 支撑体内部的储物空间；8. 脚踩部分的防滑凹凸槽。

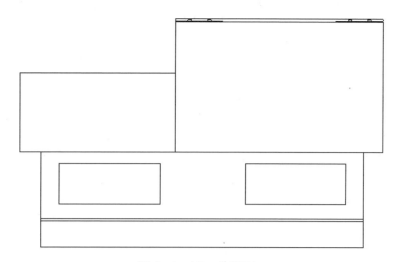

图 4-1-18　前视图

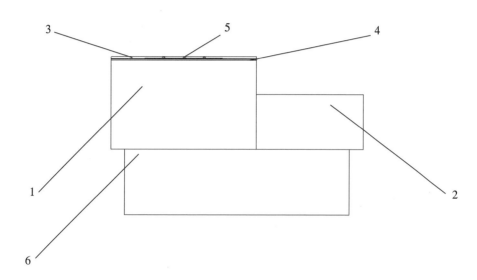

图 4-1-19　后视图

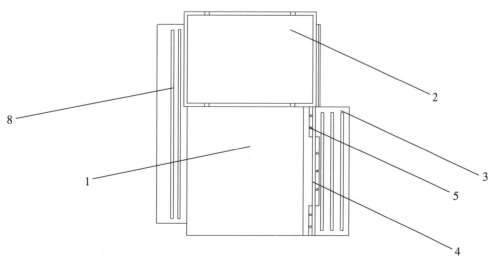

图 4-1-20　俯视图

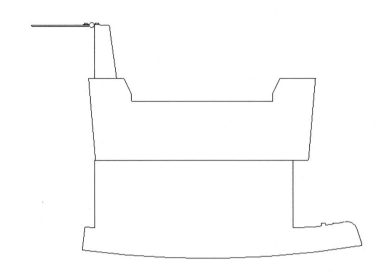

图 4-1-21　左视图

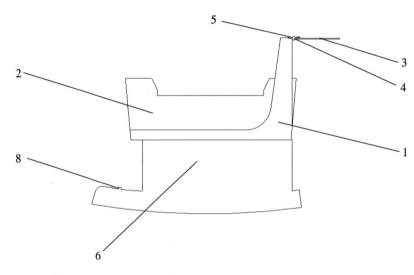

图 4-1-22　右视图

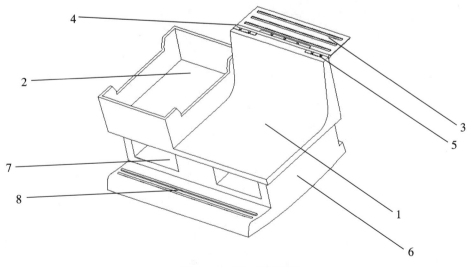

图 4-1-23　效果图

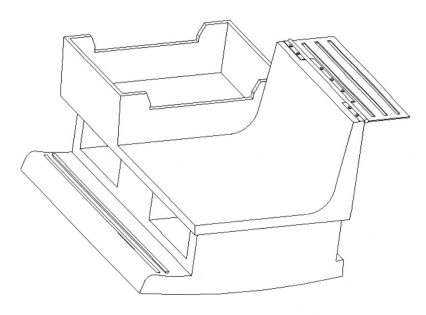

图 4-1-24　效果图

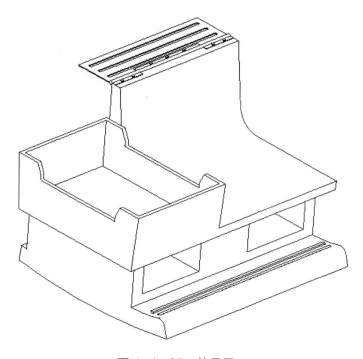

图 4-1-25　效果图

（四）多功能棋桌设计（图 4-1-26 至图 4-1-33）

这款多功能棋桌设计采用可拆卸组合的桌面设计，不同桌面具有不同的棋盘功能，如象棋、围棋、跳棋、五子棋等。用户可根据自身兴趣，将需要的棋盘抽出，并倒扣于桌面，就可以进行自己想玩的棋类游戏。平时则可将棋盘放回，使其"恢复"成普通桌子。灵活、方便、实用为本产品的亮点。

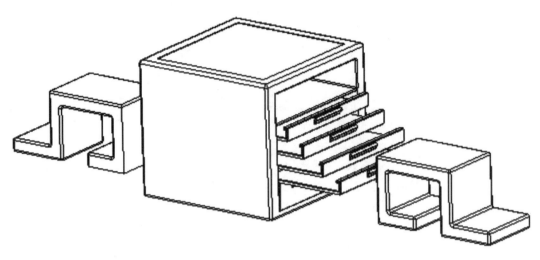

图 4-1-26　效果图

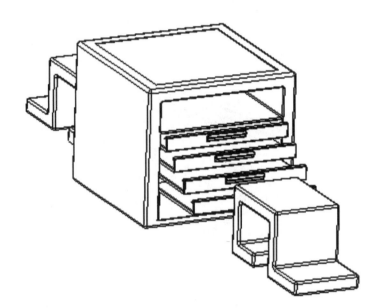

图 4-1-27　效果图

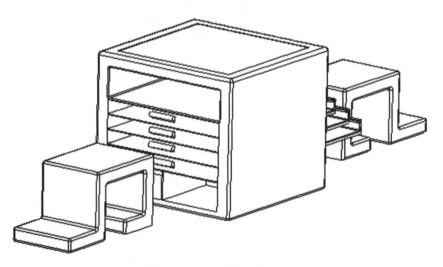

图 4-1-28　效果图

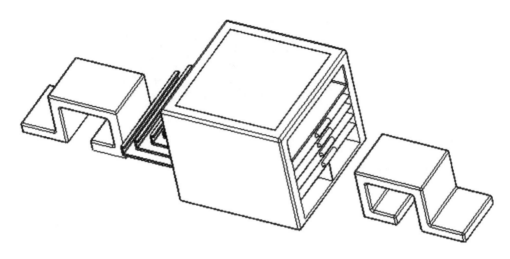

图 4-1-29　效果图

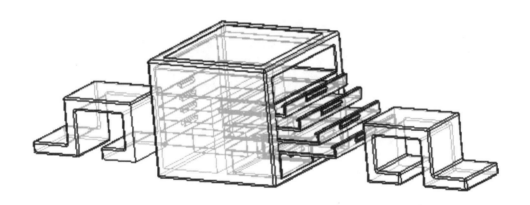

图 4-1-30　效果图

图 4-1-31　效果图

图 4-1-32　效果图

图 4-1-33　效果图

（五）多功能座椅床设计（图 4-1-34 至图 4-1-48）

这款多功能座椅床由椅面、椅背（可拆卸）、座椅支撑箱、桌面、桌面支撑柜等组成，具有长椅的功能，也可以将桌面与座椅进行组合，形成座椅床。若移除可拆卸座椅的靠背模块，将桌面和座椅凹面模块立于地面，则又可变成立式书柜。

附图：1. 座椅（左）靠背（可拆卸）；2. 座椅（左）靠背凹槽（连接座椅靠背和底部）；3. 座椅（左）底部；4. 座椅（左）底部凸起模块（连接座椅凹陷模块，形成更长的座椅）；5. 座椅（左）储物箱开合处；6. 座椅（右）靠背（可拆卸）；7. 座椅（右）靠背凹槽（连接座椅靠背和底部）；8. 座椅（右）底部；9. 座椅（右）底部凸起模块（连接座椅凹陷模块，形成更长的座椅）；10. 座椅（右）储物箱开合处；11. 桌面；12. 座椅（右）底部凹陷模块（连接座椅凸起模块，形成更长的座椅）；13. 座椅（左）底部凹陷模块（连接座椅凸起模块，形成更长的座椅）；14. 桌面凹陷模块（若想增大桌面面积，可拆下座椅靠背，利用凹凸模块进行拼接）；15. 桌面支撑柜；16. 桌面支撑柜内部的储物柜。

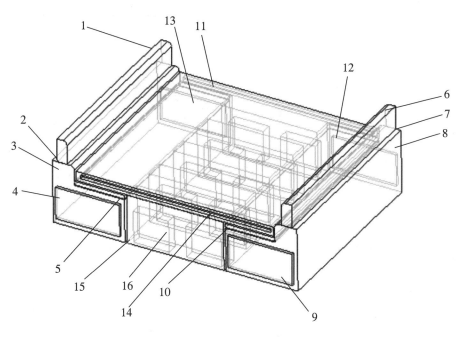

图 4-1-34　效果图

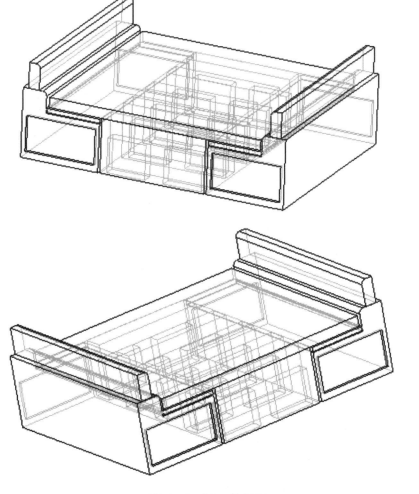

图 4-1-35　效果图

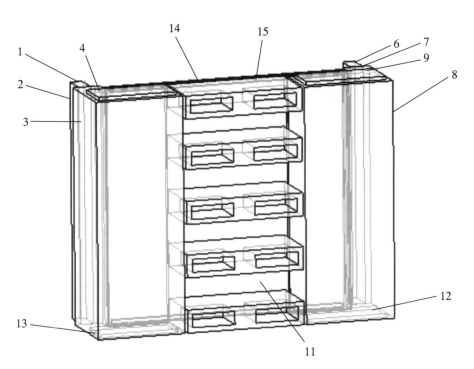

图 4-1-36　效果图

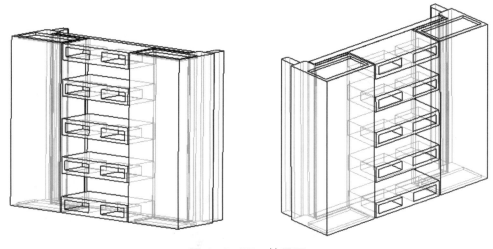

图 4-1-37　效果图

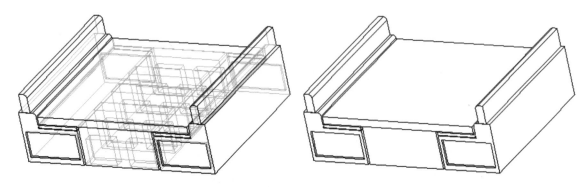

图 4-1-38　效果图

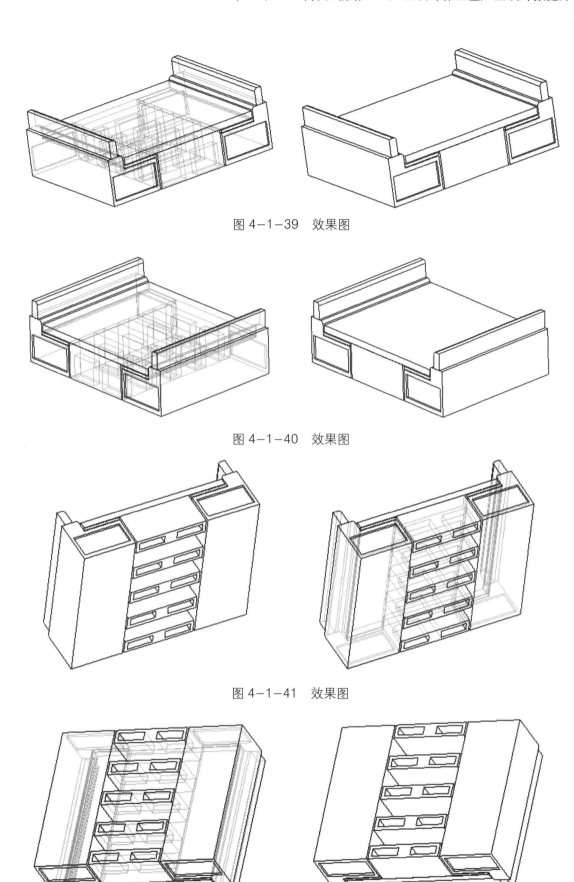

图 4-1-39　效果图

图 4-1-40　效果图

图 4-1-41　效果图

图 4-1-42　效果图

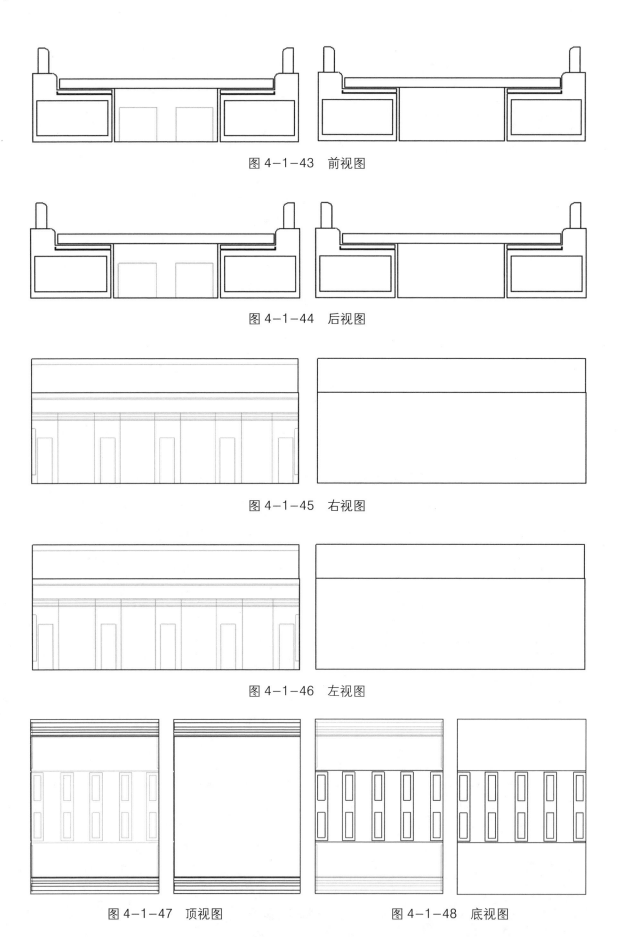

图 4-1-43　前视图

图 4-1-44　后视图

图 4-1-45　右视图

图 4-1-46　左视图

图 4-1-47　顶视图　　　　　　　图 4-1-48　底视图

二、收纳产品设计

收纳产品种类多样、功能各异，包括厨房类收纳产品（如食品收纳盒、调味料盒）、客厅收纳产品（如玄关收纳柜、移动收纳架）、卧室收纳产品（如衣物收纳袋）、桌面收纳产品（学习用品收纳盒）等。收纳产品设计不仅可以使空间更加整洁、有序和美观，也可以提高空间利用率，提升生活品质。

（一）小熊造型包装瓶设计（图 4-2-1，图 4-2-2）

圆形或长方形的规则几何形包装瓶中缺少富有童趣、吸引儿童的卡通造型，而这款外形为可爱小熊的产品就解决了这一问题。

扫码显示
彩图

图 4-2-1　前视图

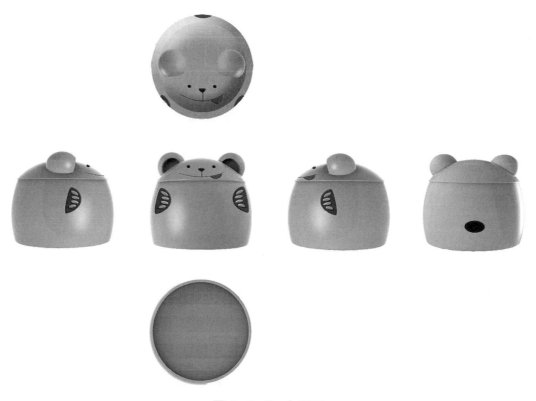

图 4-2-2　六视图

（二）青蛙造型墨水盒设计（图4-2-3，图4-2-4）

这款墨水盒产品采用青蛙的卡通造型进行外观设计，可提高儿童学习的积极性，让儿童在愉快、轻松的氛围中学习。

扫码显示
彩图

图 4-2-3　前视图

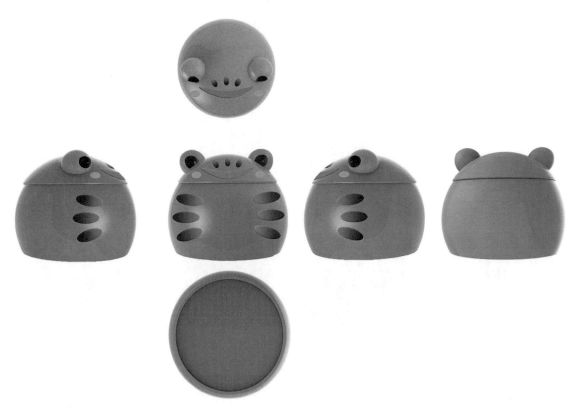

图 4-2-4　六视图

（三）兔子造型储物盒设计（图4-2-5至图4-2-7）

为增加产品的趣味性，运用卡通兔子造型，对储物盒的外形进行优化设计。

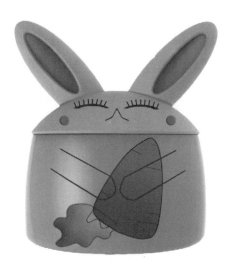

图4-2-5　前视图

图4-2-6　后视图

扫码显示
彩图

图4-2-7　六视图

（四）厨房调料收纳盒设计（图4-2-8至图4-2-20）

厨房调料收纳盒采用花瓣造型的外观设计，在满足功能需求的同时，为产品增添趣味性、美观性。

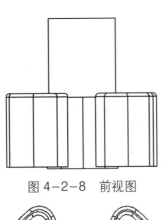

图4-2-8　前视图

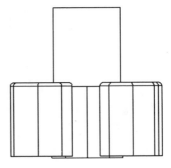

图4-2-9　后视图

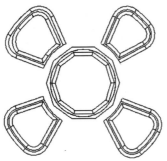

图4-2-10　顶视图

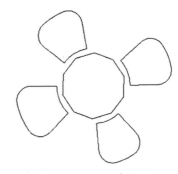

图4-2-11　底视图

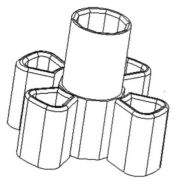

图4-2-12　效果图

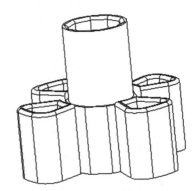

图4-2-13　效果图

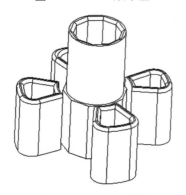

图4-2-14　效果图

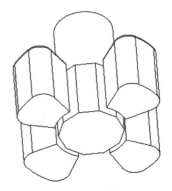

图4-2-15　效果图

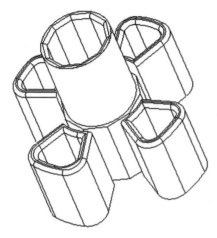

图 4-2-16　效果图

图 4-2-17　效果图

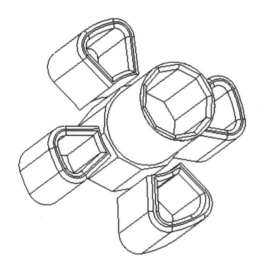

图 4-2-18　效果图

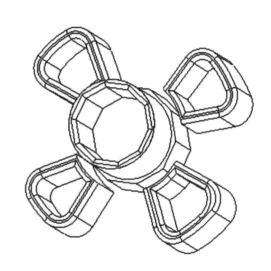

图 4-2-19　效果图

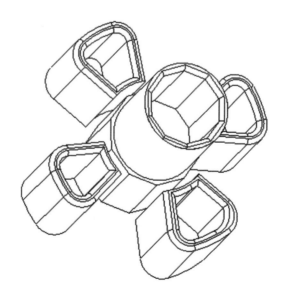

图 4-2-20　效果图

（五）磁吸式桌面子母收纳套盒设计（图4-2-21至图4-2-31）

这款收纳套盒是可让用户根据自己的使用习惯，利用磁吸片自由组合不同形状的收纳盒。它分为收纳母盒体和收纳母盒盖两部分，中间通过凹凸槽连接。在收纳母盒体中，有五个收纳子盒：书立收纳子盒（放置笔记本、书籍等）、文件收纳子盒（放置文件）、杂物收纳子盒（放置剪刀、橡皮、胶棒、曲别针、笔等杂物）、工具收纳子盒（放置U盘、充电器、计算器等工具类物品）、生活用品收纳子盒（放置纸巾、台历、摆件、台灯等生活用品）。

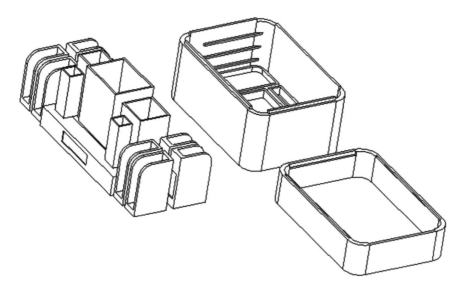

图4-2-21　效果图

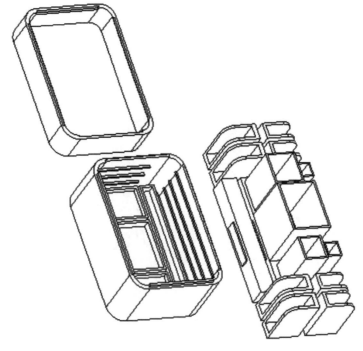

图4-2-22　效果图

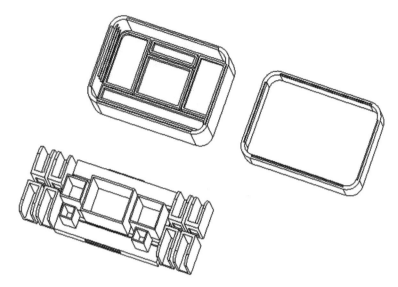

图 4-2-23 效果图

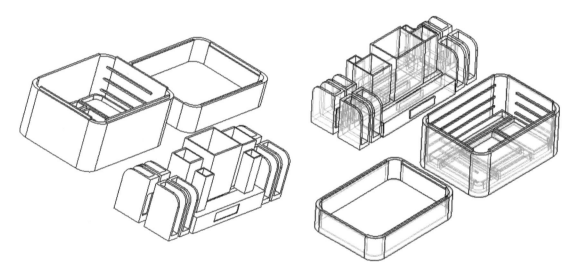

图 4-2-24 效果图

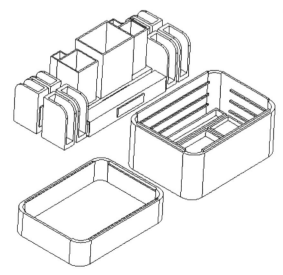

图 4-2-25 效果图

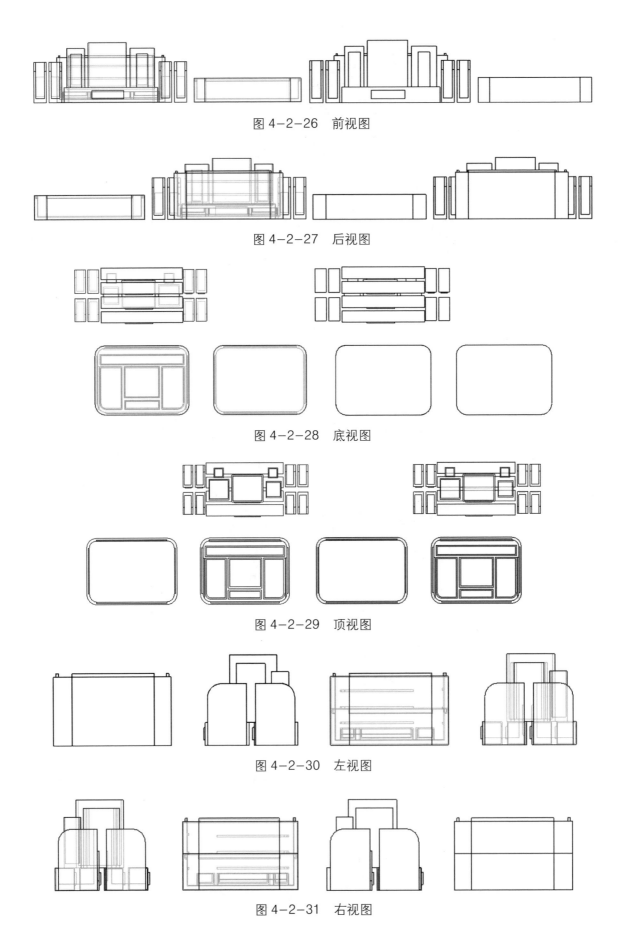

图 4-2-26　前视图

图 4-2-27　后视图

图 4-2-28　底视图

图 4-2-29　顶视图

图 4-2-30　左视图

图 4-2-31　右视图

三、家居产品设计

家居产品种类繁多、风格多样，包括厨卫产品、家居饰品、家居工具（如螺丝刀）等。家居产品设计涉及企业文化分析、行业观察、趋势预测、用户研究、产品造型等问题。需要针对具体情况，提供满足特定需求的产品和服务方案，并能在设计环节中体现创新意识，考虑健康、安全、法律、文化及环境等因素。

（一）双出水口节水水龙头设计（图4-3-1至图4-3-8）

这款有双出水口的水龙头由出水体和流水体两部分组成。出水体有向上和向下两个出水口，上出水口为倾斜式，喷出的水柱略倾斜，方便人们直接对着上出水口洗漱。在流水体部分，通过旋转轴，瀑布形的流水体可随意旋转，旋转至与出水体完全对齐时，从出水体流出的水经过流水体变成瀑布式水流，流入水池中。

转动水龙头主体下端的开关，可以调控出水口的位置。

附图：1. 水龙头主体兼旋转轴；2. 出水体；3. 上出水口；4. 下出水口；5. 旋转体；6. 瀑布形流水体；7. 控制出水口位置的开关。

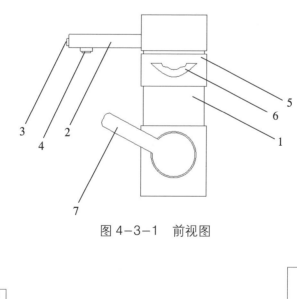

图4-3-1 前视图

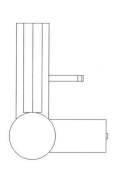

图4-3-2 俯视图

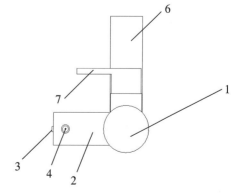

图4-3-3 底视图

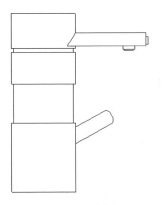

图 4-3-4　左视图

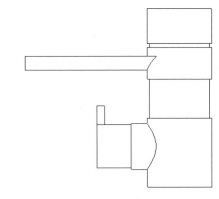

图 4-3-5　右视图

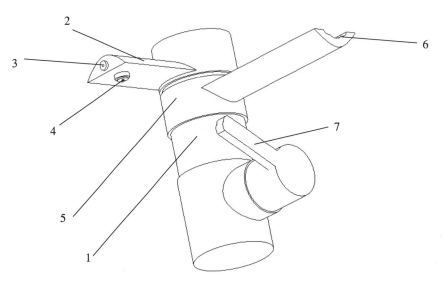

图 4-3-6　效果图

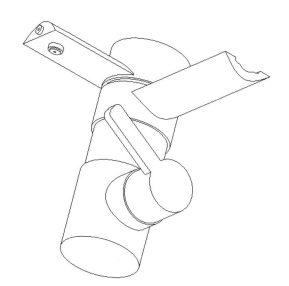

图 4-3-7　效果图

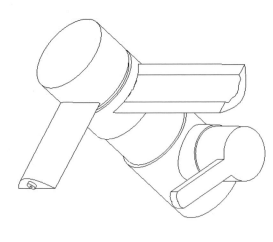

图 4-3-8　效果图

（二）螺丝刀设计（图 4-3-9 至图 4-3-16）

螺丝刀是一种家庭常用工具，通常有一个薄的楔形头，可嵌入钉头的槽缝内。常见的螺丝刀有一字和十字（正号）两种。这款螺丝刀的刀头部分可以进行替换，替换类型有一字、十字、米字、T 形、H 形等。

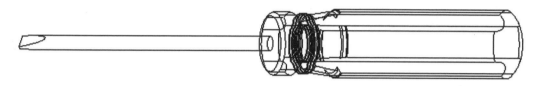

图 4-3-9　效果图

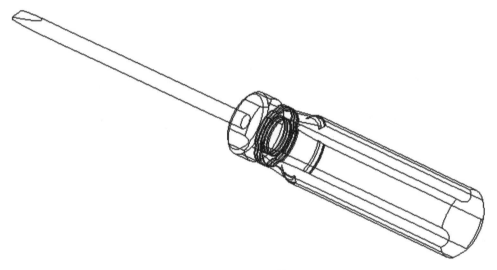

图 4-3-10　效果图

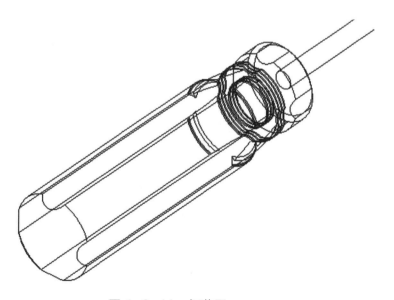

图 4-3-11　细节图

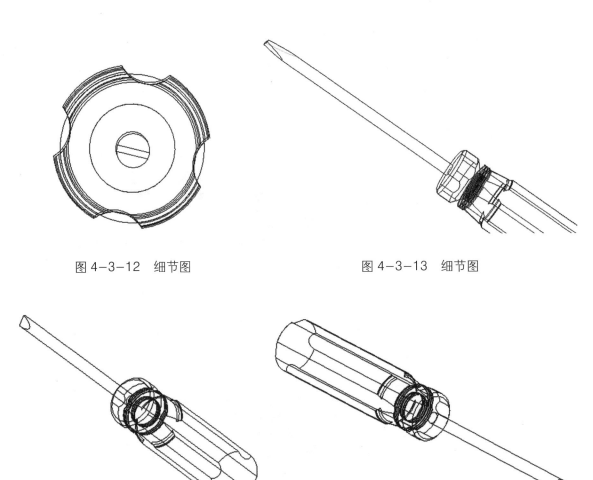

图 4-3-12　细节图　　　　　　　　　图 4-3-13　细节图

图 4-3-14　效果图　　　　　　　　　图 4-3-15　效果图

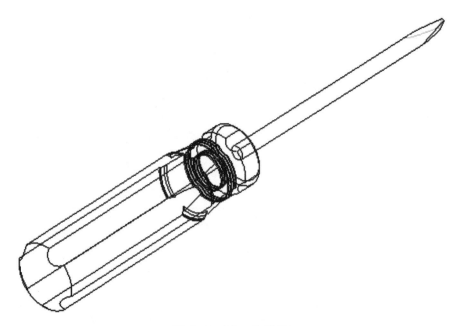

图 4-3-16　效果图

（三）多功能双层旋转刀具设计（图4-3-17至图4-3-23）

这款有削皮、剥皮等功能的双层旋转刀具由刀片和刀把两部分构成。旋转刀片具有切熟食和切生食两种不同功能，可在使用后折叠并收入刀把侧面的凹槽，安全系数较高。

刀把设计是本产品的亮点。刀把末端的凸起部分可充当剥皮器，将其插入带皮水果的中心，按住刀把，顺着固定的方向，可轻松剥去水果的表皮。刀把尾部的波浪形镂空部分是开瓶器，也可用于悬挂刀具。刀把前部是削皮器。这款产品功能多样、实用，且兼具安全性考虑。

附图：1. 剥皮器；2. 开瓶器；3. 折叠刀凹槽；4. 削皮器；5. 旋转轴；6. 生食刀；7. 熟食刀。

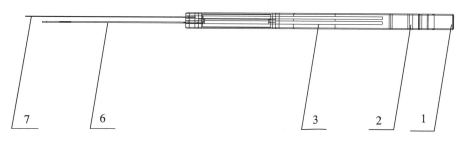

图4-3-17　侧视图

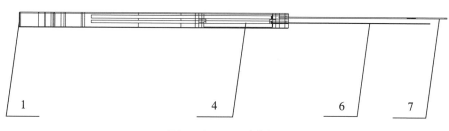

图4-3-18　侧视图

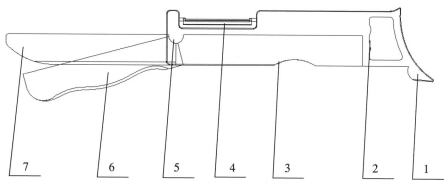

图4-3-19　正视图

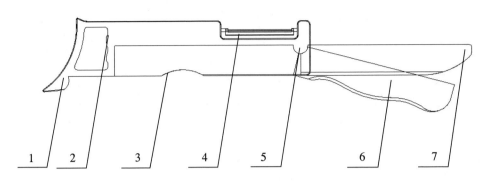

图 4-3-20　后视图

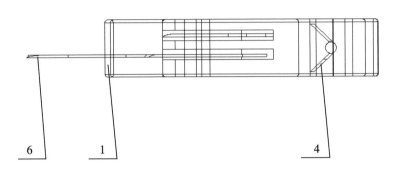

图 4-3-21　左视图

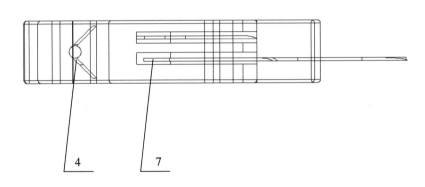

图 4-3-22　右视图

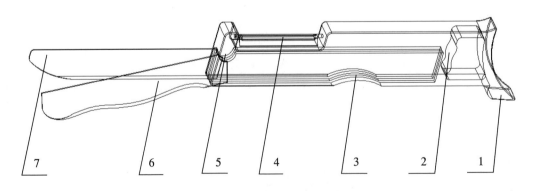

图 4-3-23　效果图

（四）手表设计（图4-3-24，图4-3-25）

手表是一种戴在手腕上、用于显示时间的产品。手表的组成部分包括机芯、表盘、表针、表冠、表壳、圈口、表镜（表蒙）、后盖、生耳针、表扣、表带等。常用的表带材料有皮革、橡胶、尼龙布、不锈钢等。

图4-3-24 效果图

图4-3-25 效果图

（五）企鹅形调味瓶设计（图4-3-26至图4-3-34）

这款卡通企鹅造型的调味瓶由瓶体和瓶盖两部分构成，这两部分由螺纹连接。转动螺纹，打开瓶盖，倒入一袋调料。扭紧顶盖，摇晃瓶体，调料会从"企鹅"的眼睛漏孔中撒出，自然地落入嘴部的勺形凹槽内，这样可直观地看到调料量。调味瓶瓶体中央的"肚子"采用透明材质，方便观察剩余调料量。

附图：1.调味瓶瓶体；2.调味瓶瓶盖；3.瓶体与瓶盖螺纹连接处；4.漏孔；5.勺形凹槽；6.透明材质。

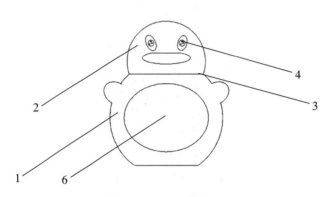

图4-3-26　前视图

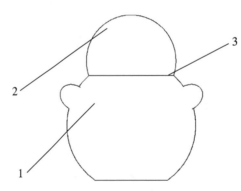

图4-3-27　后视图

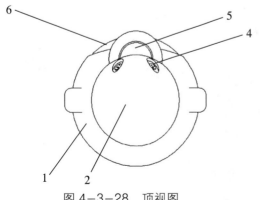

图4-3-28　顶视图

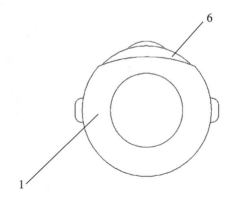

图4-3-29　底视图

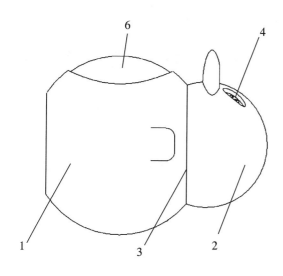

图 4-3-30 右视图

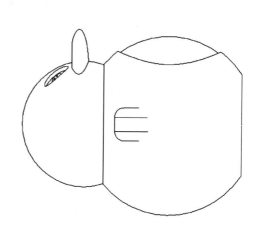

图 4-3-31 左视图

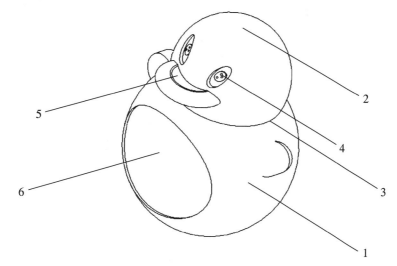

图 4-3-32 效果图

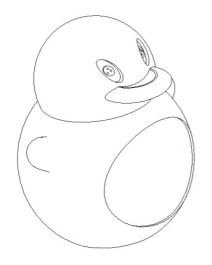

图 4-3-33 效果图

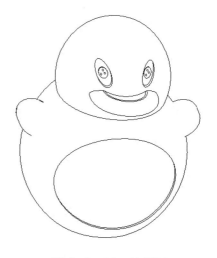

图 4-3-34 效果图

（六）按摩梳设计（图4-3-35至图4-3-41）

这款按摩梳由把手和梳子主体两部分构成，主体部分的梳齿底部设有可移动的软橡胶垫。当清理梳子上的头发时，只需把软橡胶垫与主体分离，就可直接清理，十分便捷。

这款梳子还有按摩人体头部穴位的功能。每个梳齿顶部都有按摩小球。用这款梳子梳头可促进头部血液循环，放松头皮神经。

附图：1. 梳子把手；2. 可移动的软橡胶垫；3. 梳齿；4. 梳子主体；5. 按摩小球。

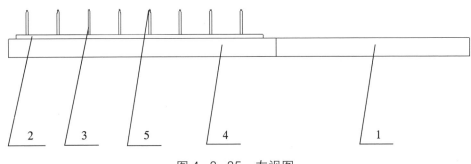

图4-3-35　左视图

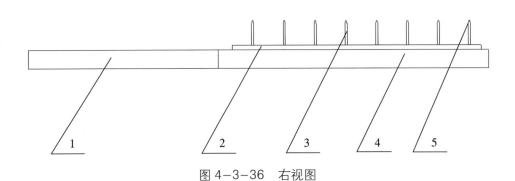

图4-3-36　右视图

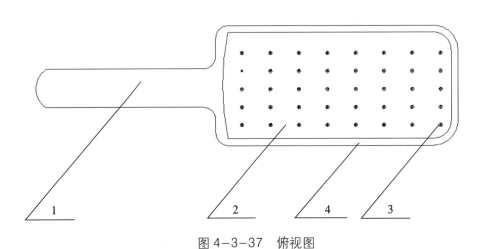

图4-3-37　俯视图

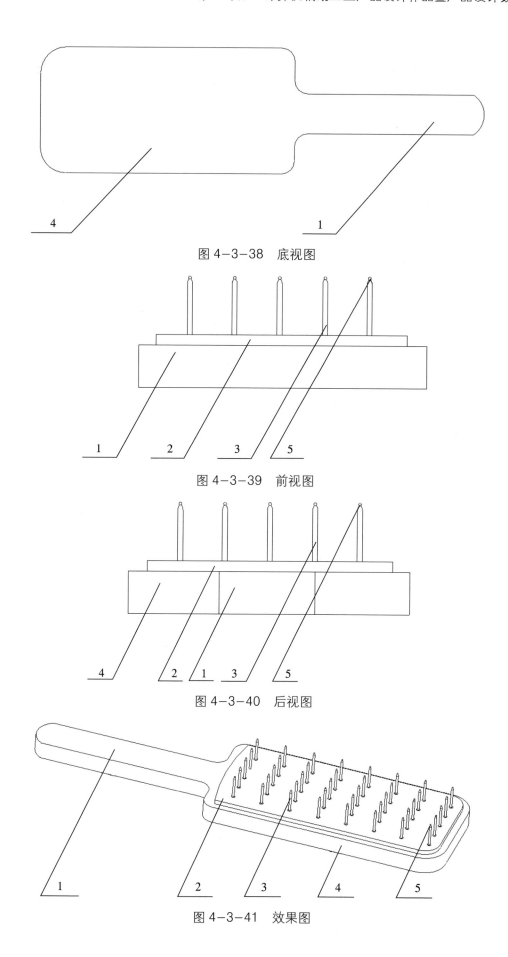

图 4-3-38 底视图

图 4-3-39 前视图

图 4-3-40 后视图

图 4-3-41 效果图

（七）智能测温杯设计（图4-3-42至图4-3-48）

这款智能测温杯由盖体和杯体两部分组成，盖体和杯体外壁装有太阳能电池板，内壁设有发热层，杯体底部有一层橡胶垫，橡胶垫内部安装了太阳能蓄电池。把本产品放在太阳光下，外壁的太阳能电池板可将光能转化为电能，将电能储存在底部蓄电池中，从而为这款杯子提供保温、测温功能。杯体手柄处设有自动感应器，还有带背光功能的LCD显示屏，能够准确地显示出杯中饮品的温度及容量。

附图：1. 盖体；2. LCD杯体温度显示器；3. 太阳能蓄电池；4. 橡胶垫；5. 茶叶过滤装置；6. 杯体外部的太阳能电池板；7. 杯体内壁发热层。

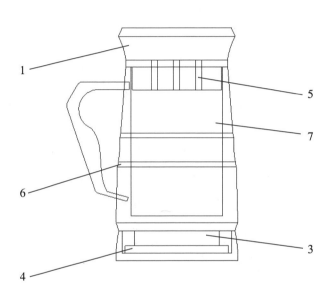

图4-3-42　前视图

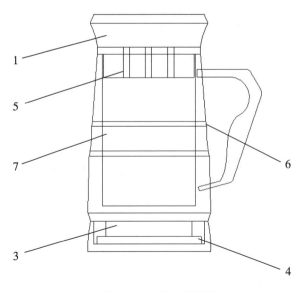

图4-3-43　后视图

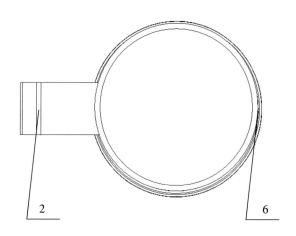

图 4-3-44　顶视图

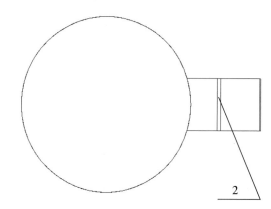

图 4-3-45　底视图

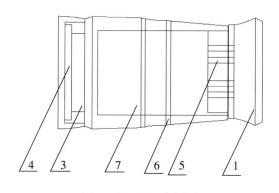

图 4-3-46　右视图

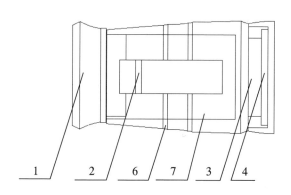

图 4-3-47　左视图

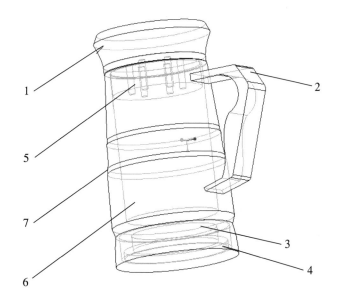

图 4-3-48　效果图

（八）苍蝇拍设计（图4-3-49至图4-3-54）

这款可伸长的带有夹子的苍蝇拍由拍头和手柄两部分构成。拍头内置海绵层，可避免因用力过大而将苍蝇拍烂。手柄部分有一个折叠的延长杆，不用时可收入手柄节省空间。手柄末端有夹子，可将打死的蚊蝇夹起处理。

附图：1. 内置海绵层的拍头；2. 手柄主体；3. 可延长的手柄附体；4. 手柄凹槽；5. 手柄和延长杆连接处；6. 夹子；7. 挂钩；8. 倾斜的拍头顶部。

图4-3-49　俯视图

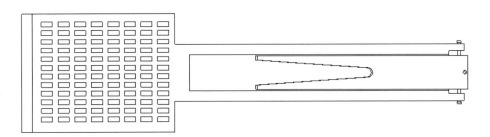

图4-3-50　底视图

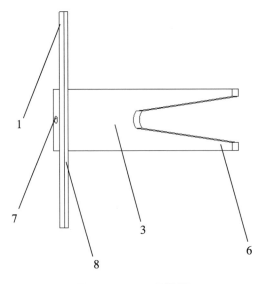

图4-3-51　顶视图

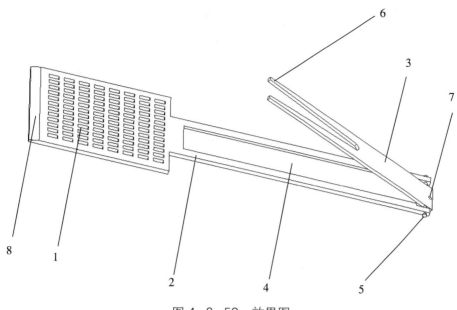

图 4-3-52　效果图

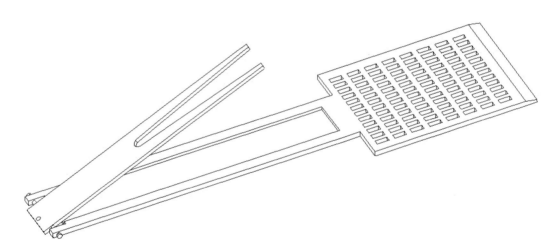

图 4-3-53　效果图

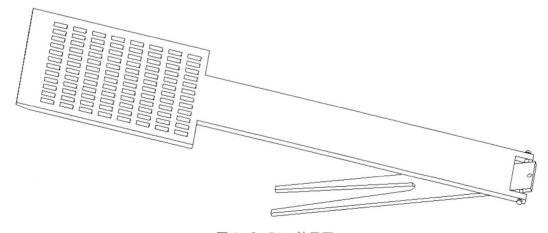

图 4-3-54　效果图

（九）带支架手机壳设计（图4-3-55至图4-3-63）

这款带支架的插卡手机壳由手机壳和支架两部分组成，两部分由旋转轴连接，支架可在一定角度内自由转动，并支撑手机主体。壳背有专门插卡的位置。支架顶端有用于缠绕耳机线、放置耳机的凹槽，可方便保管耳机。

附图：1. 手机壳体；2. 摄像头孔；3. 壳体插卡处；4. 支架；5. 壳体与支架连接处；6. 凹槽。

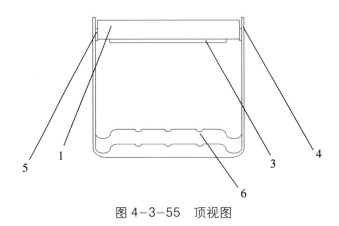

图4-3-55 顶视图

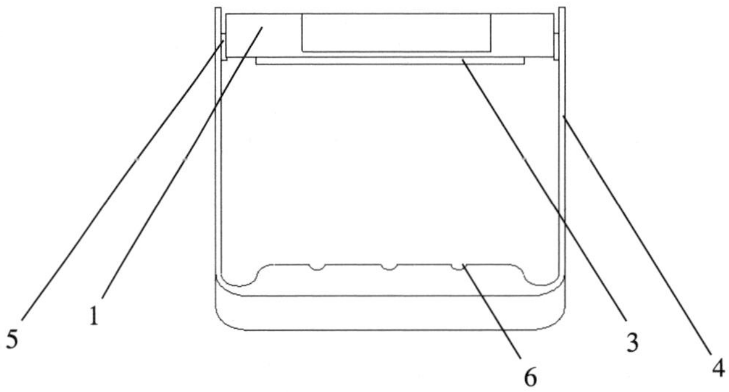

图4-3-56 底视图

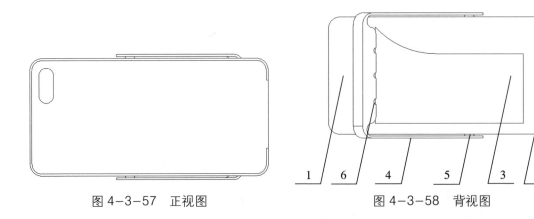

图4-3-57 正视图   图4-3-58 背视图

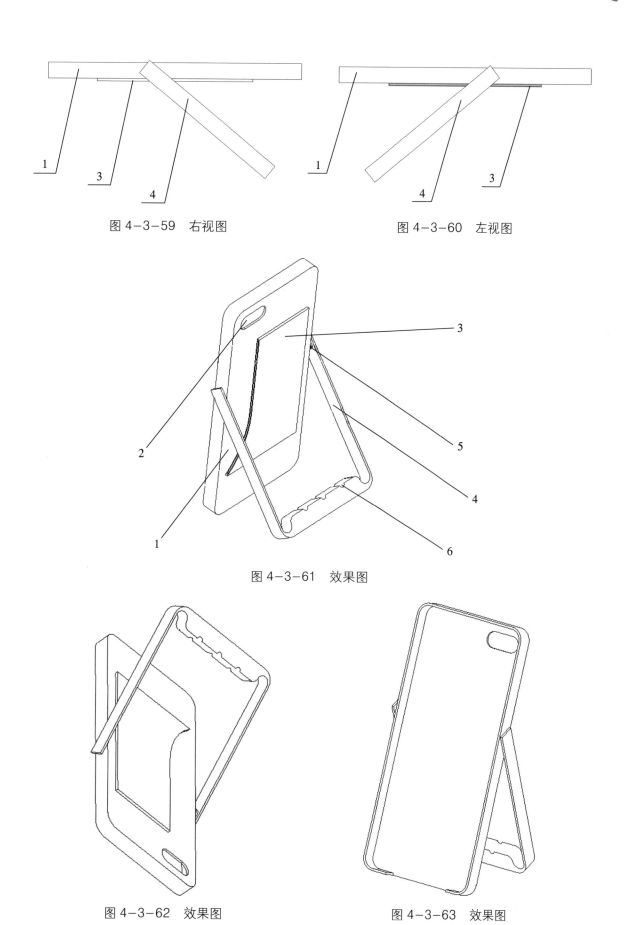

图 4-3-59 右视图　　　　　　　　图 4-3-60 左视图

图 4-3-61 效果图

图 4-3-62 效果图　　　　　　　　图 4-3-63 效果图

（十）多功能车载电子点烟器设计（图4-3-64至图4-3-71）

这款多功能车载电子点烟器由可伸缩的点烟器主体和U盘两部分组成。U盘具有存储数据和充电功能。点烟器主体的耐高温陶瓷隔热片中装有星形电热丝，可通过U盘存储的电能点燃香烟。相较于市面上现有的点烟器，这款点烟器更节能、环保。另外，点烟器顶端还有LDE照明灯，方便人们在光线较暗的地方点烟。

附图：1. 点烟器主体；2. 星形电热丝；3. 耐高温陶瓷隔热片；4. U盘；5. LED照明灯；6. 照明灯开关；7. 促使点烟器和U盘主体伸缩的滑动槽；8. 推动点烟器主体和U盘主体伸缩的按钮。

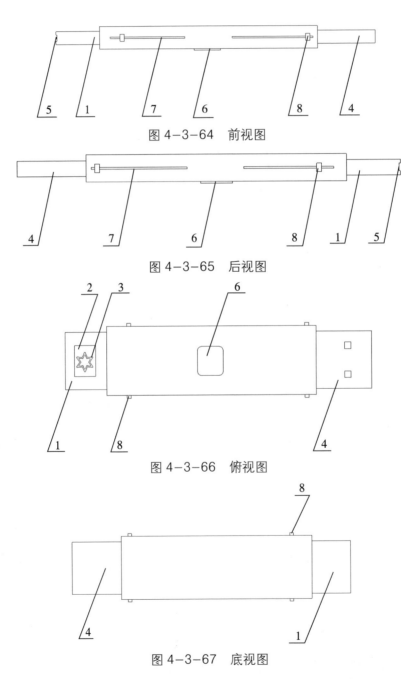

图4-3-64　前视图

图4-3-65　后视图

图4-3-66　俯视图

图4-3-67　底视图

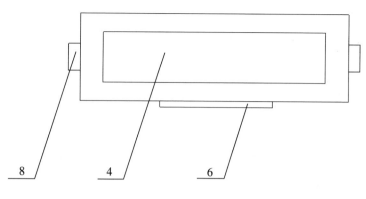

图 4-3-68 左视图

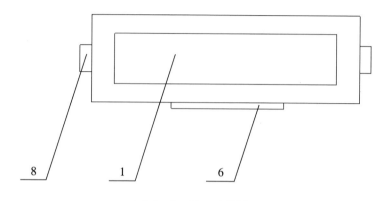

图 4-3-69 右视图

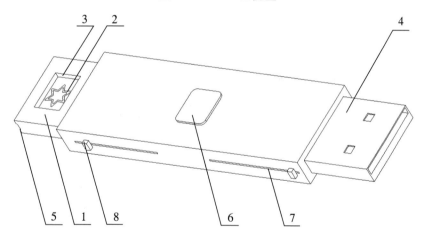

图 4-3-70 效果图

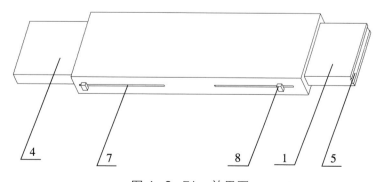

图 4-3-71 效果图

四、厨具产品设计

厨具产品包括擀面杖、砧板、消毒柜、炉灶、油烟机、烤箱等。厨具产品设计需要充分考虑产品的实用性和功能性。基于科学原理，采用科学方法对厨具产品设计问题进行研究，包括设计定位、分析与实践，从造型、功能、材质、结构创新的多维角度发现、分析和解决问题。

（一）擀面杖设计（图4-4-1至图4-4-6）

这款擀面杖的外壳和内部主体都是空心结构，内部主体套入擀面杖外壳，中部有螺纹式旋转连接带，内部可加入面粉，内外部分均可拆卸。

可内置干面粉的擀面杖主体上有一排直径2mm的漏孔，转动擀面杖一端的圆拱状开关，可调节漏孔直径的大小，以此控制擀面过程中的面粉漏出量。开关处有吊挂孔，方便悬挂。

附图：1. 空心结构的擀面杖外壳；2. 可内置干面粉的擀面杖内部主体；3. 擀面杖主体的螺纹旋转连接带；4. 调节面粉漏孔大小的开关；5. 吊挂孔；6. 面粉漏孔。

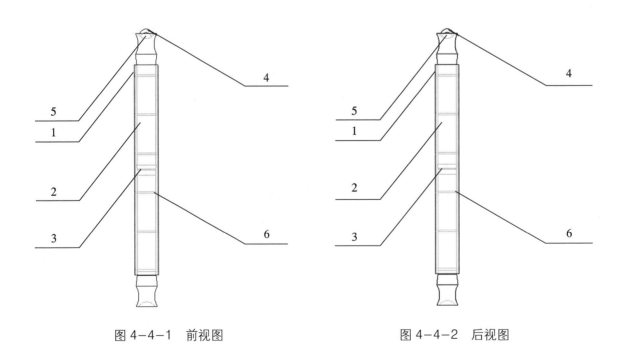

图4-4-1　前视图　　　　　　　　　　图4-4-2　后视图

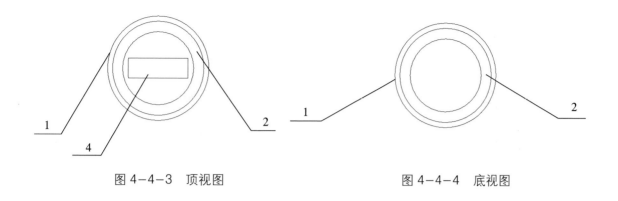

图 4-4-3　顶视图　　　　　　　图 4-4-4　底视图

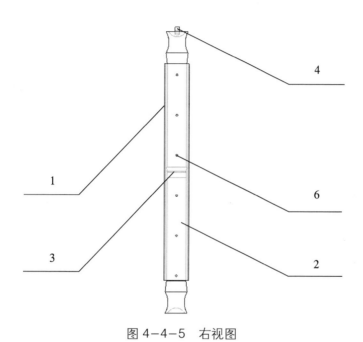

图 4-4-5　右视图

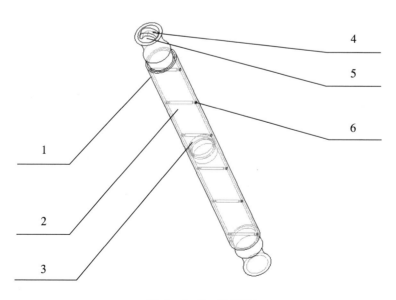

图 4-4-6　效果图

（二）空气炸锅外观设计（图4-4-7至图4-4-19）

图4-4-7　效果图

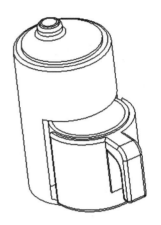

图4-4-8　效果图

图4-4-9　效果图

图4-4-10　效果图

图4-4-11　效果图

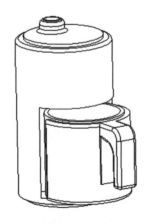

图4-4-12　效果图

图4-4-13　效果图

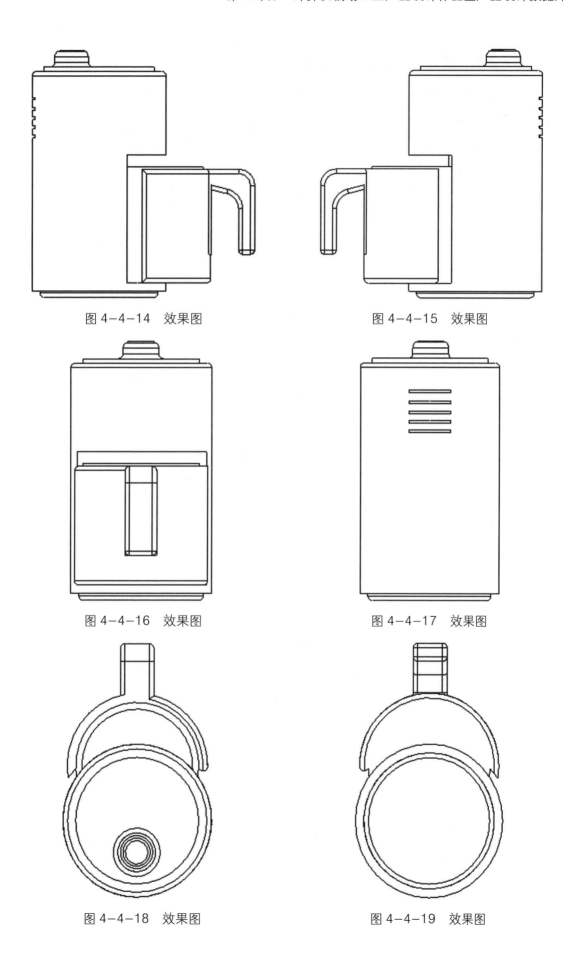

图 4-4-14　效果图　　　　　　　　图 4-4-15　效果图

图 4-4-16　效果图　　　　　　　　图 4-4-17　效果图

图 4-4-18　效果图　　　　　　　　图 4-4-19　效果图

（三）调料勺设计（图4-4-20至图4-4-28）

这款调料勺的上半部分有一个长柄，分别连接可盛放5g、10g调料的小勺。推动嵌入下半部分凹槽中的滑块，精确控制调料用量，调料可通过漏孔撒入锅中。也可直接推动勺子手握处，露出勺体，将调料直接撒入锅中。

调料勺底部有一个小凸起，可避免勺子直接接触桌面，更加健康、卫生。

附图：1.调料勺上半部；2.调料勺下半部；3.盛放5g调料的勺体；4.盛放10g调料的勺体；5.勺体底部平面；6.手握处；7.可滑动凸体；8.滑动轨道凹槽；9.漏孔；10.小凸起。

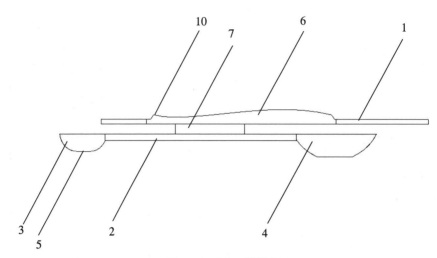

图4-4-20　前视图

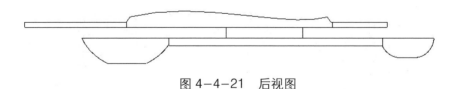

图4-4-21　后视图

图4-4-22　底视图

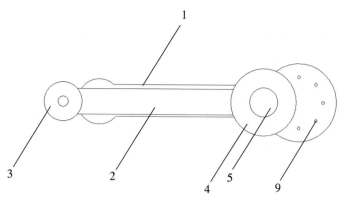

图 4-4-23　俯视图

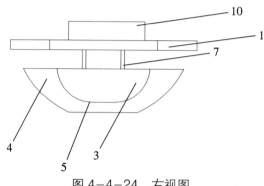

图 4-4-24　右视图

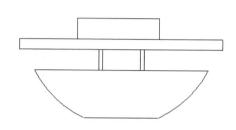

图 4-4-25　左视图

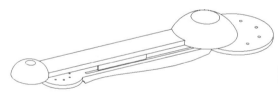

图 4-4-26　效果图

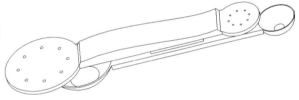

图 4-4-27　效果图

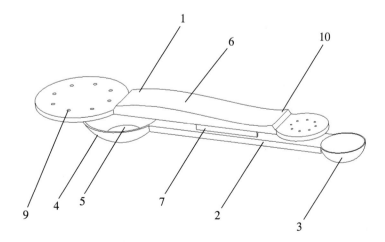

图 4-4-28　效果图

（四）折叠砧板设计（图4-4-29至图4-4-34）

这款可处理垃圾的折叠砧板由主体和侧体两部分组成。主体和侧体由合页连接，可以自由调整二者之间的角度。

砧板主体有用于悬挂垃圾袋的方形漏洞，方便在切菜过程中随手将垃圾放入垃圾袋中。

附图：1. 砧板主体；2. 砧板侧体；3. 合页；4. 合页上的销钉；5. 固定合页的螺钉；6. 处理垃圾的漏洞；7. 砧板挂钩。

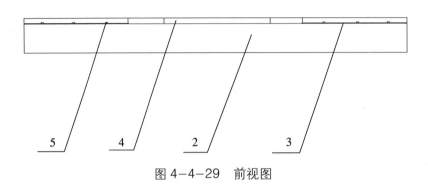

图4-4-29　前视图

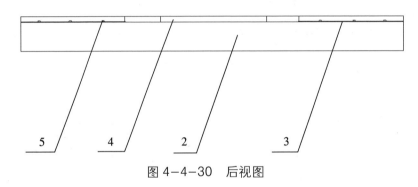

图4-4-30　后视图

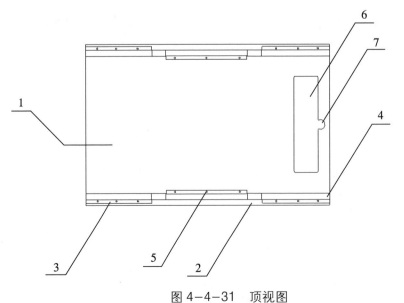

图4-4-31　顶视图

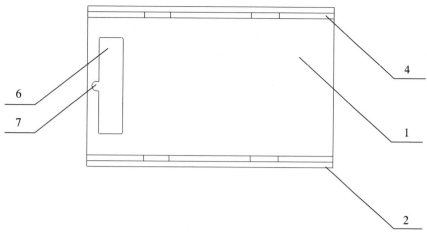

图 4-4-32　底视图

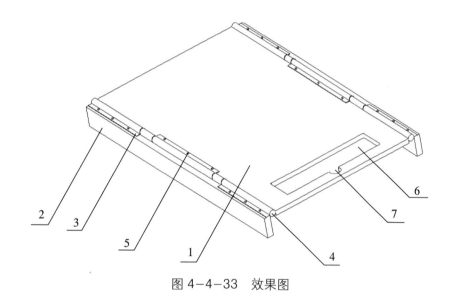

图 4-4-33　效果图

图 4-4-34　效果图

（五）多功能餐勺设计（图4-4-35至图4-4-43）

这款多功能餐勺由勺子和勺柄两部分组成。勺底为水平面，可平放于桌面。勺体一侧边缘有多个漏孔，微微倾斜勺体，就可以把汤勺当作漏勺使用。勺体边缘的勺嘴可引导汤汁的流向，避免汤汁洒出勺外。勺子手柄顶部还有挂孔。

附图：1. 水平底面的勺子主体；2. 手柄；3. 漏孔；4. 勺嘴；5. 勺柄手握处；6. 挂孔。

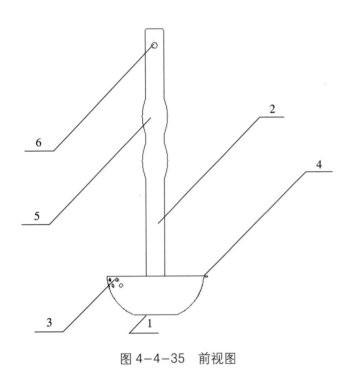
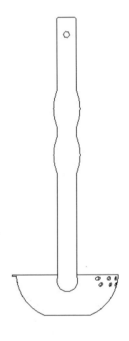

图4-4-35 前视图　　　　　　　　　　图4-4-36 后视图

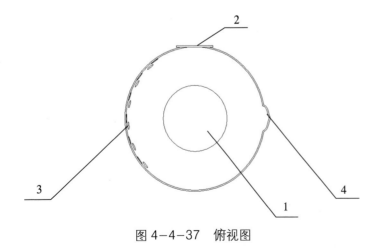

图4-4-37 俯视图　　　　　　　　　　图4-4-38 底视图

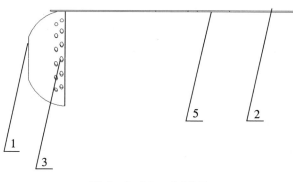

图 4-4-39 右视图

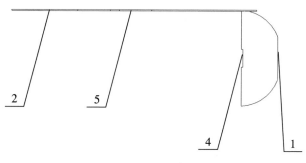

图 4-4-40 左视图

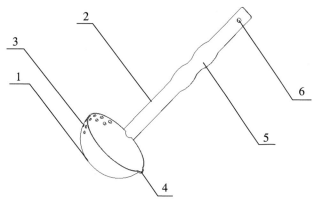

图 4-4-41 效果图

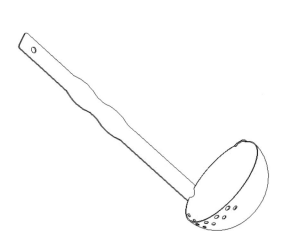

图 4-4-42 效果图

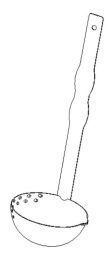

图 4-4-43 效果图

五、学习用品设计

学习用品包括电子学习用品（如复读机、点读机、单词机）和传统学习用品（如直尺、铅笔、剪刀）两大类。基于科学原理，采用科学方法，对学习用品的设计问题进行研究，包括设计定位、分析与实践，从造型形态、功能、材质、结构等多维角度发现、分析、解决问题。

（一）直尺设计（图4-5-1至图4-5-8）

这款直尺由主尺、副尺两部分构成，靠主尺侧面的一段凹槽连接。使用时，固定好主尺位置，把内置有可伸缩刀片的副尺插入主尺凹槽中的任意位置，按住副尺，向前后推动主尺，即可延长主尺的长度。

这款直尺采用伸缩推拉式结构，在模块化副尺的帮助下可做一定范围的延伸。副尺还可以拆卸，作为小刀使用。

附图：1. 主尺刀座；2. 可伸缩的小刀；3. 副尺；4. 主尺；5. 凹槽。

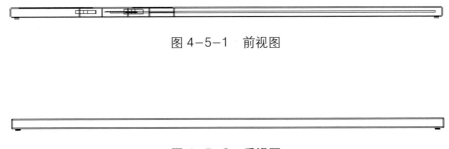

图4-5-1　前视图

图4-5-2　后视图

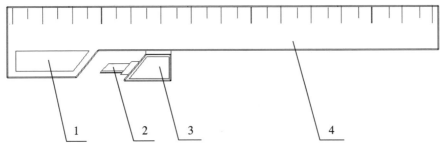

图4-5-3　顶视图

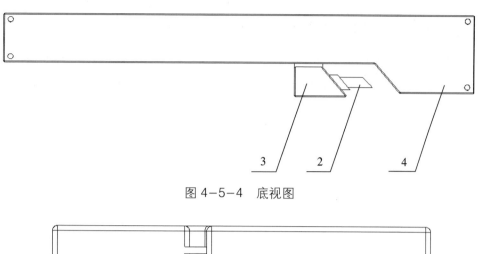

图 4-5-4　底视图

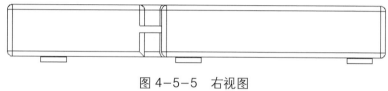

图 4-5-5　右视图

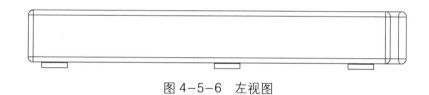

图 4-5-6　左视图

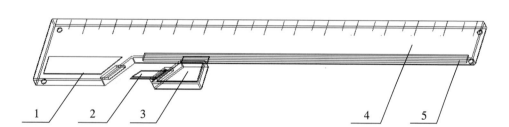

图 4-5-7　效果图

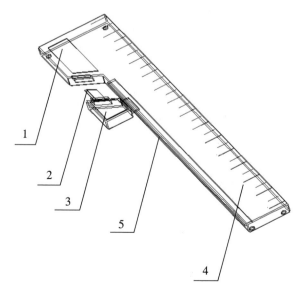

图 4-5-8　效果图

（二）多功能剪刀设计（图4-5-9至图4-5-16）

这款多功能剪刀由刀片和手柄两部分构成。刀片是不锈钢材质，可伸缩，带有滑动轨道，轨道上有可控制刀片伸缩长度的滑动按钮。剪刀手柄部分还有锯齿形核桃夹，可用来夹裂核桃等坚果的外壳。

附图：1.可伸缩刀片；2.刀刃；3.手柄；4.滑动轨道；5.滑动按钮；6.锯齿形核桃夹；7.滑动按钮连接处。

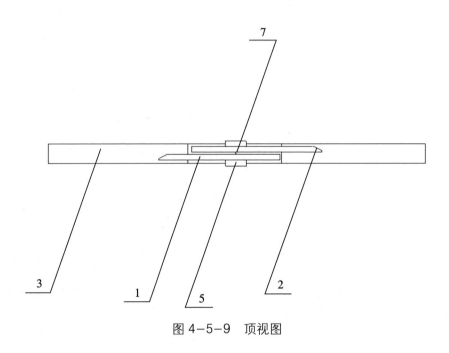

图4-5-9　顶视图

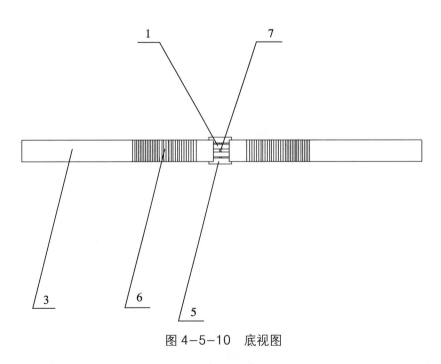

图4-5-10　底视图

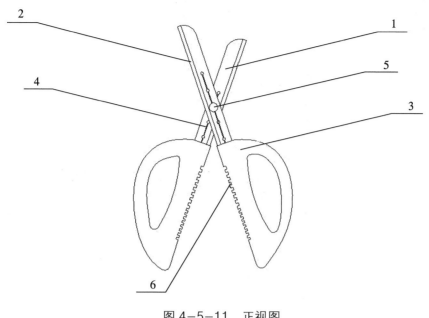

图 4-5-11　正视图

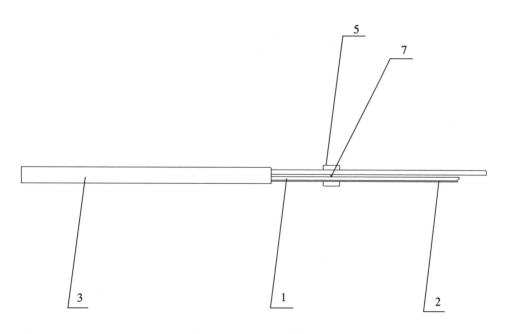

图 4-5-12　右视图

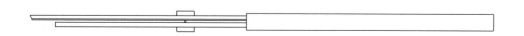

图 4-5-13　左视图

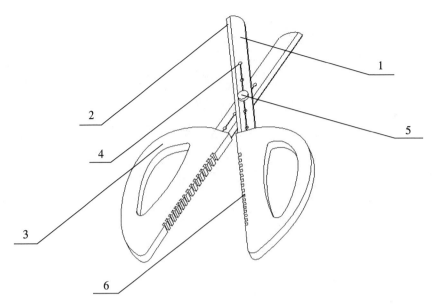

图 4-5-14　效果图

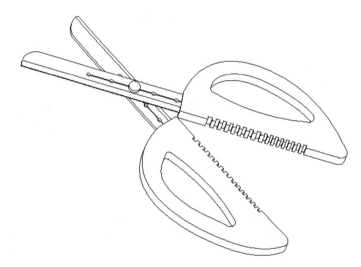

图 4-5-15　效果图

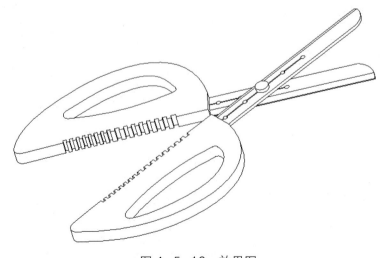

图 4-5-16　效果图

（三）多功能书签设计（图4-5-17至图4-5-23）

这款多功能书签由书签和放大镜两部分组成。放大镜顶端有可伸缩的U盘，可滑动侧面滑块来控制伸缩。书签上的放大镜可用来辅助阅读，十分便利。

附图：1.书签主体；2.放大镜；3.U盘；4.滑动槽；5.滑块。

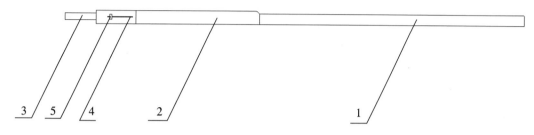

图4-5-17 前视图

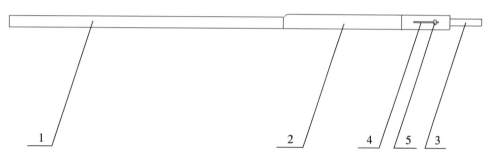

图4-5-18 后视图

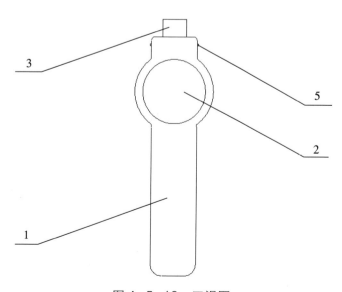

图4-5-19 正视图

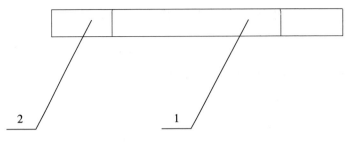

图 4-5-20　右视图

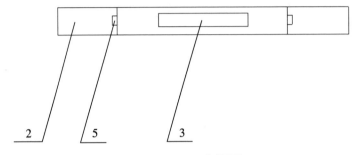

图 4-5-21　左视图

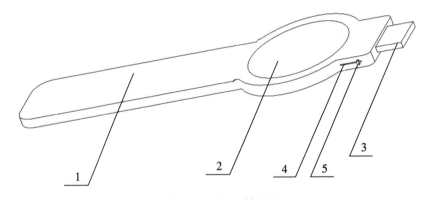

图 4-5-22　效果图

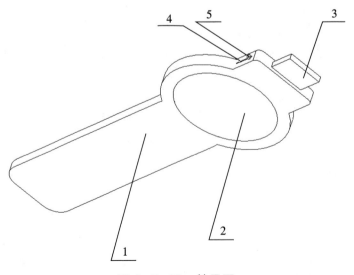

图 4-5-23　效果图

（四）触控签字笔设计（图 4-5-24 至图 4-5-33）

这款签字笔内置不同颜色的笔芯，旋转笔身可实现笔芯间的切换。笔帽采用银纤维材质，可以对电容屏进行有效触控。这款签字笔不仅可用于办公书写，也适用于手机、平板电脑等设备。

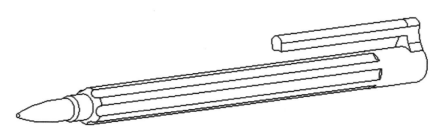

图 4-5-24　弹出式触控签字笔效果图

图 4-5-25　效果图

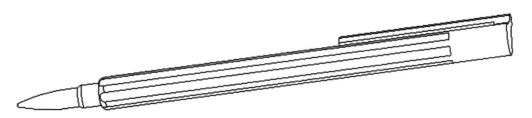

图 4-5-26　效果图

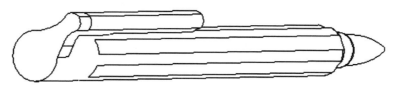

图 4-5-27　效果图

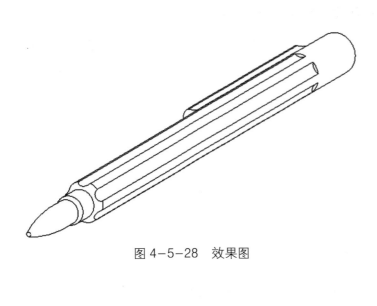

图 4-5-28　效果图

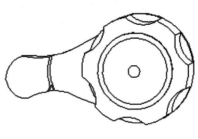

图 4-5-29　效果图

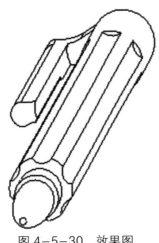

图 4-5-30　效果图

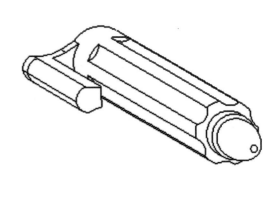

图 4-5-31　效果图

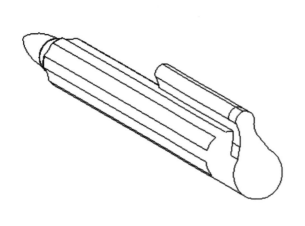

图 4-5-32　效果图

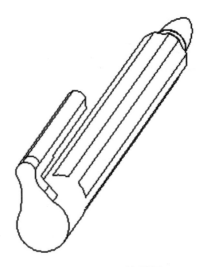

图 4-5-33　效果图

（五）可折叠台灯设计（图4-5-34至图4-5-48）

这款可折叠多功能护眼台灯内置大容量电池，可以当作充电宝使用，具有超长的电池续航时间。台灯外观体现简约轻薄的设计理念，携带方便，便于收纳。台灯主杆最大可调节180°，可以根据需求进行照明角度的调整。

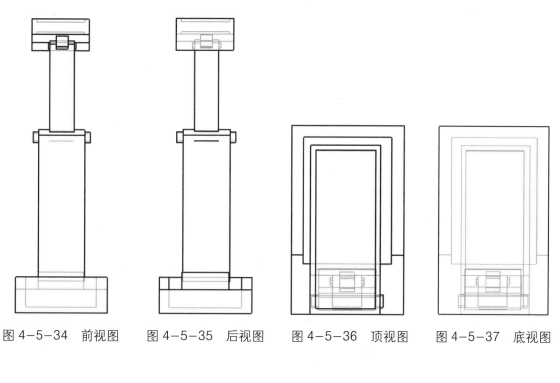

图4-5-34　前视图　　图4-5-35　后视图　　图4-5-36　顶视图　　图4-5-37　底视图

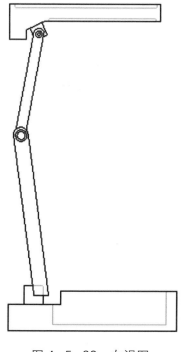
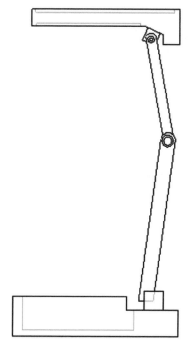

图4-5-38　左视图　　　　　　　　　　图4-5-39　右视图

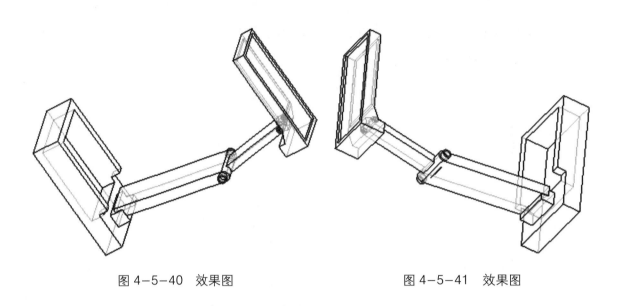

图 4-5-40　效果图　　　　　　　　　图 4-5-41　效果图

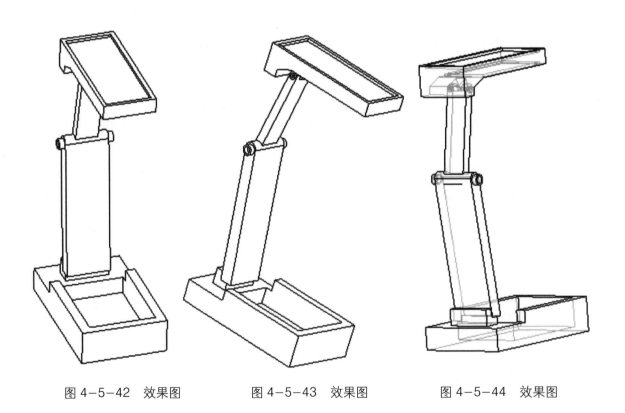

图 4-5-42　效果图　　　　图 4-5-43　效果图　　　　图 4-5-44　效果图

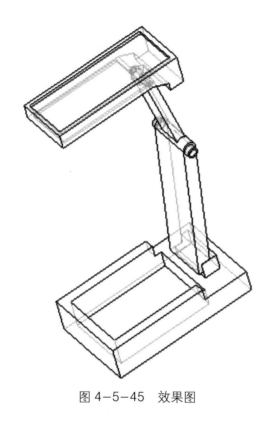

图 4-5-45 效果图

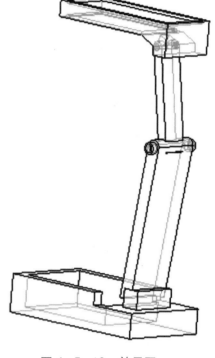

图 4-5-46 效果图

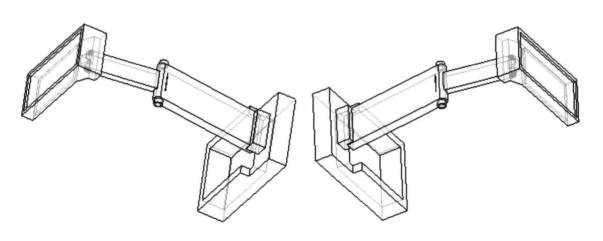

图 4-5-47 效果图   图 4-5-48 效果图

六、玩具产品设计

不同年龄段的用户对玩具产品需求的侧重点各不相同。在设计玩具产品时，以用户需求为出发点，根据用户的心理、生理特征，从多个维度出发，进行产品形态创新、功能创新、材质创新和结构创新。

（一）篮球架设计（图4-6-1至图4-6-10）

这款具有储物、挂衣功能的篮球架由主杆、篮板、底座三部分组成，拉杆连接并固定主杆和篮板，在主杆的不同角度有多个高度不同的篮板，可以满足不同人群的需要。

篮球架主杆下部有可伸缩的储物盒，用于存放衣服、矿泉水等物品。主杆中部还有挂衣钩，方便人们悬挂衣物。

附图：1. 底座；2. 篮球架主杆；3. 篮板；4. 主杆和篮板间的拉杆；5. 弹簧篮框；6. 篮框与篮板连接处；7. 可伸缩储物盒；8. 挂衣钩。

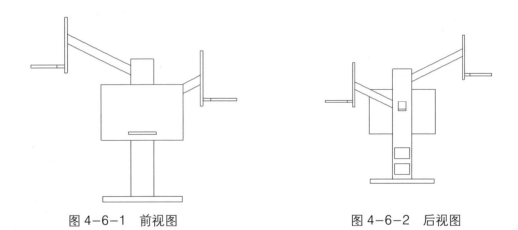

图4-6-1 前视图   图4-6-2 后视图

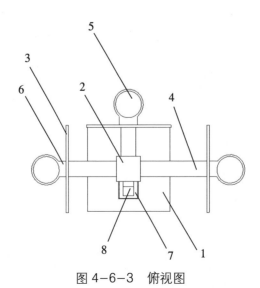

图4-6-3 俯视图

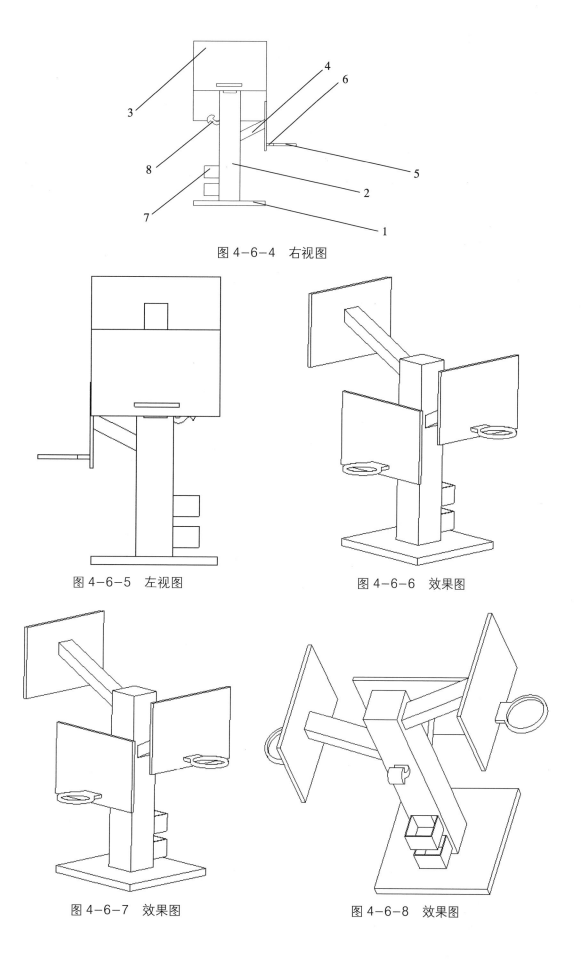

图 4-6-4 右视图

图 4-6-5 左视图

图 4-6-6 效果图

图 4-6-7 效果图

图 4-6-8 效果图

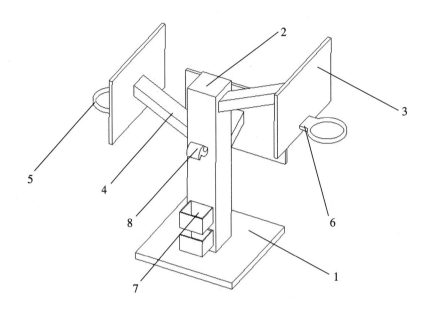

图 4-6-9 效果图

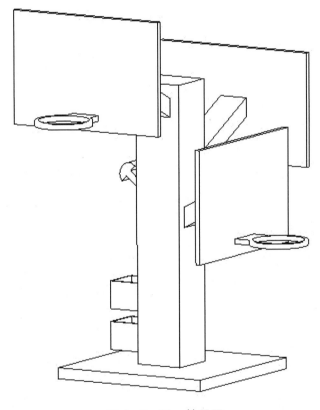

图 4-6-10 效果图

（二）儿童玩具车设计（图4-6-11至图4-6-23）

这款儿童玩具车由车身、车轮、支架、踏板、扶手、座椅、推手等部分组成。针对婴幼儿，可以安装座椅和玩具车支架，使本产品成为儿童摇摇车。幼儿逐渐长大后，可以安装可拆卸推手，使本产品成为儿童手推车。针对学龄前早期儿童，可以调整扶手高度，匹配儿童身高，使本产品成为儿童学步车。儿童成长到学龄期和青春期，已具备一定身体协调能力和平衡能力，这时可以拆掉座椅，留下脚踩踏板，本产品又可变为滑板车。另外，儿童玩具车的座椅可拆卸，具有储物功能。

附图：1.扶手车架（穿插结构）；2.左扶手；3.右扶手；4.扶手左照明灯；5.扶手右照明灯；6.伸缩式车架；7.车架高度孔一；8.车架高度孔二；9.车架高度孔三；10.调节车架高度的按压模块；11.前轮组件；12.左前轮；13.右前轮；14.前轮架连杆；15.可拆卸座椅；16.座椅储物箱盖；17.储物箱空间；18.连接座椅与踏板平台的固定凹槽；19.踏板平台；20.踏板平台上的凹凸体（增加摩擦力）；21.后轮组件；22.后轮；23.脚踩刹车装置；24.脚踩刹车防滑凹凸体；25.后轮架连杆；26.推车调节扶手（穿插结构）；27.扶手高度孔一；28.扶手高度孔二；29.扶手高度孔三；30.调节扶手高度的按压模块；31.扶手；32.照明灯。

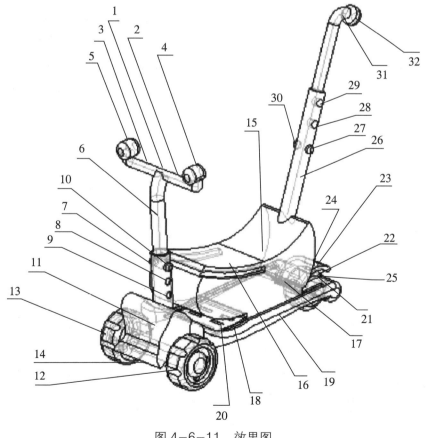

图4-6-11 效果图

图 4-6-12　效果图

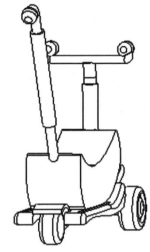

图 4-6-13　效果图

图 4-6-14　效果图

图 4-6-15　效果图

图 4-6-16　效果图

图 4-6-17　效果图

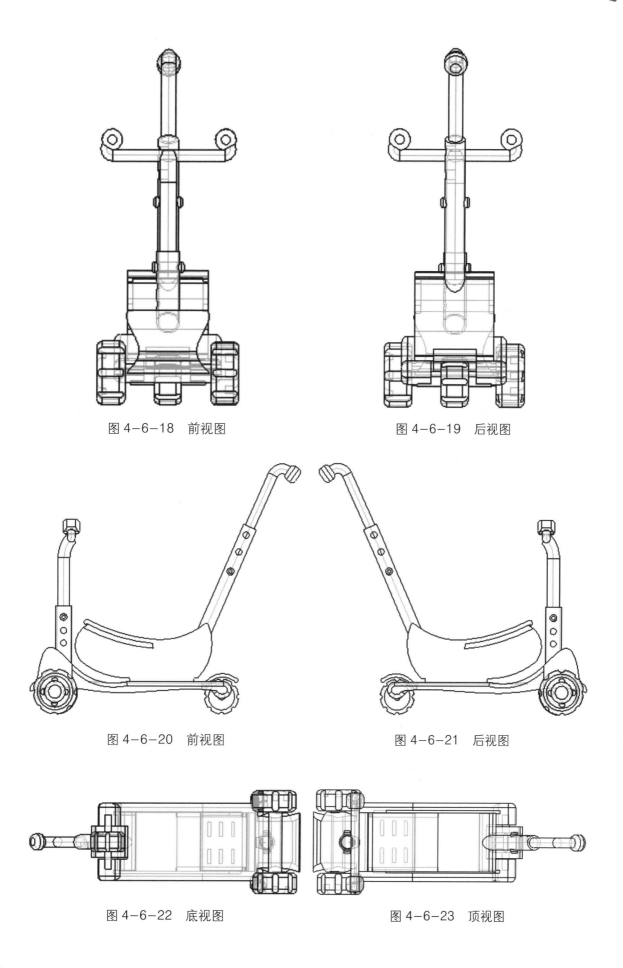

图 4-6-18　前视图　　　　　　　　　　图 4-6-19　后视图

图 4-6-20　前视图　　　　　　　　　　图 4-6-21　后视图

图 4-6-22　底视图　　　　　　　　　　图 4-6-23　顶视图

（三）儿童滑板车设计（图4-6-24至图4-6-32）

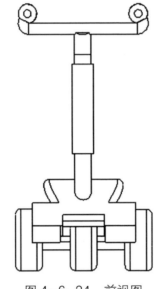

图4-6-24　前视图

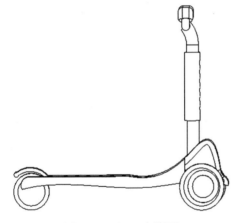

图4-6-25　左视图

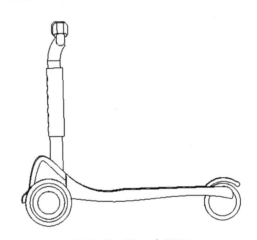

图4-6-26　右视图

图4-6-27　效果图

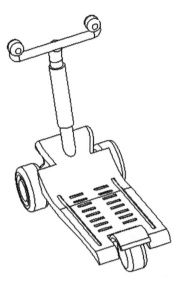

图 4-6-28　效果图

图 4-6-29　效果图

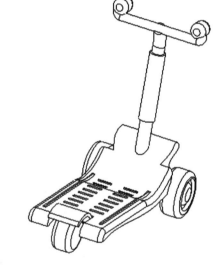

图 4-6-30　效果图

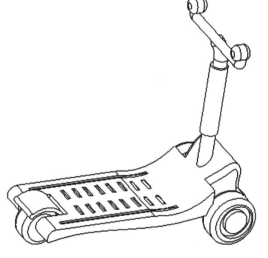

图 4-6-31　效果图

图 4-6-32　效果图

（四）儿童滑行车设计（图4-6-33至图4-6-40）

儿童滑行车可发展儿童的运动能力，训练儿童的四肢协调能力，深受儿童和家长的喜爱。

图4-6-33　效果图

图4-6-34　效果图

图4-6-35　效果图

图4-6-36　效果图

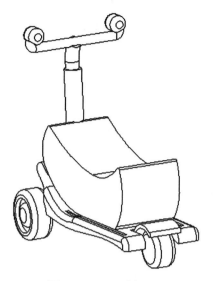

图 4-6-37 效果图

图 4-6-38 效果图

图 4-6-39 效果图

图 4-6-40 效果图

（五）儿童摇摇车设计（图4-6-41至图4-6-48）

这款儿童摇摇车采用简洁、可爱的造型设计。儿童坐在摇摇车座椅上，通过摇动身体来驱动摇摇车前进。

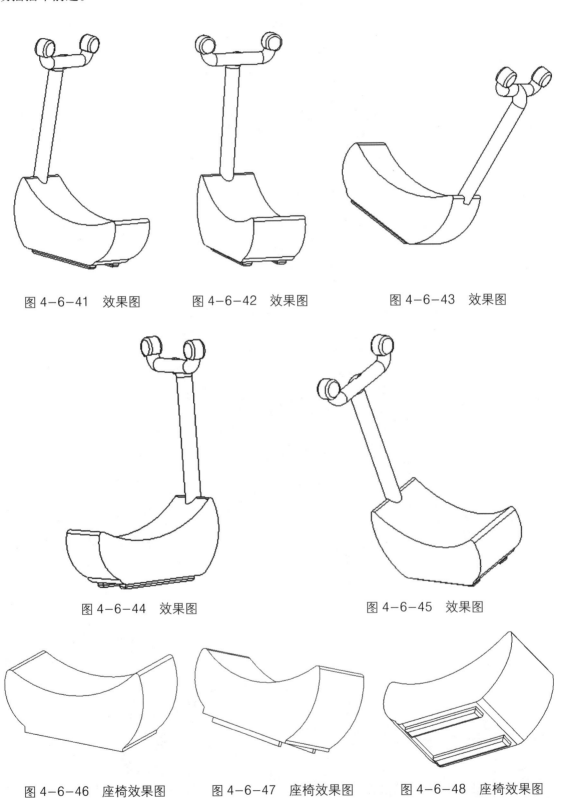

图4-6-41　效果图　　　　图4-6-42　效果图　　　　图4-6-43　效果图

图4-6-44　效果图　　　　　　　图4-6-45　效果图

图4-6-46　座椅效果图　　　图4-6-47　座椅效果图　　　图4-6-48　座椅效果图

七、交通工具产品设计

交通工具是现代生活必不可少的重要组成部分，为人们的日常生活带来极大便利。交通工具种类多样，包括汽车、飞机、轮船等。

（一）大中型客车概念设计（图4-7-1至图4-7-13）

客车是以人为运载对象的交通工具，多为方形车厢。客车设计必须注重行车安全性和乘坐舒适性，也要考虑美观性。

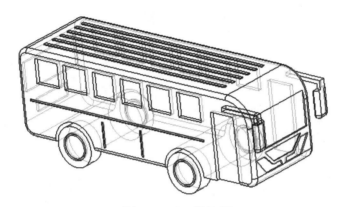

图4-7-1　效果图

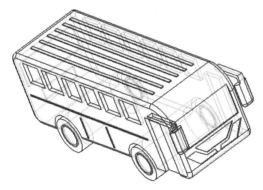

图4-7-2　效果图

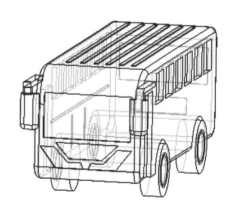

图4-7-3　效果图

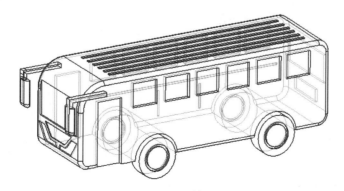

图4-7-4　效果图

图 4-7-5　效果图

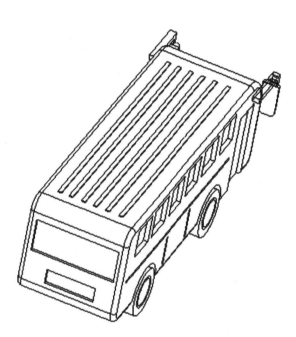

图 4-7-6　效果图

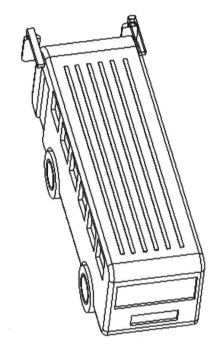

图 4-7-7　效果图

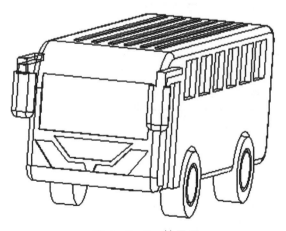

图 4-7-8　效果图

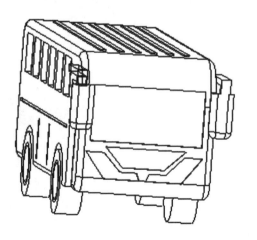

图 4-7-9　效果图

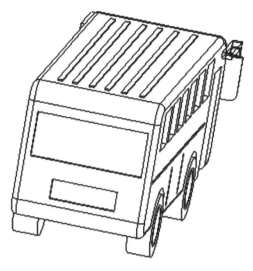

图 4-7-10　效果图

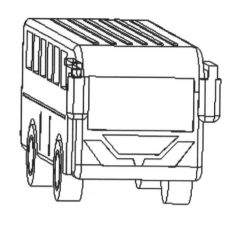

图 4-7-11　效果图

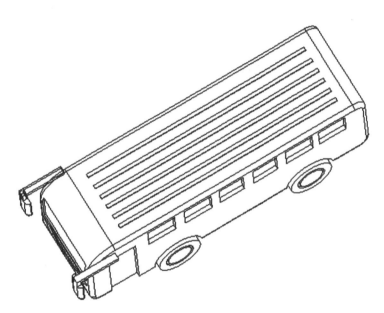

图 4-7-12　效果图

图 4-7-13　效果图

（二）越野车概念设计（图4-7-14至图4-7-26）

越野车是一种高级汽车，适用于自然场地，如山地、沙漠等复杂地形。越野车有非承载式车身、四轮驱动及较高的底盘等。

在越野车设计中，可利用平直的线条和硬朗的曲面，增强整体设计的力量感。要注意对护栏、防撞杠等设计细节的处理和材质选择，以增强车身的流畅性和稳重感。

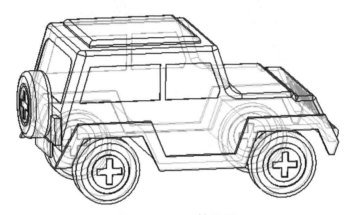

图 4-7-14　效果图

图 4-7-15　效果图

图 4-7-16　效果图

图 4-7-17　效果图

图 4-7-18　效果图

图 4-7-19　效果图

图 4-7-20　效果图

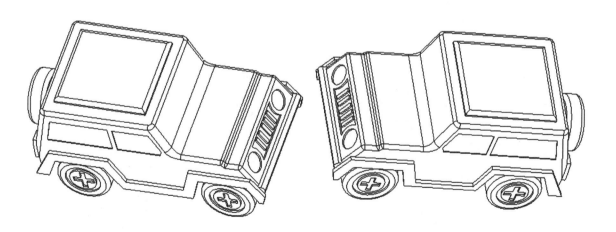

图 4-7-21　效果图　　　　　　　　图 4-7-22　效果图

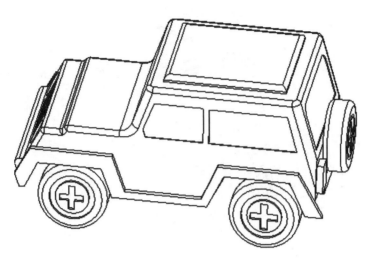

图 4-7-23 效果图

图 4-7-24 效果图

图 4-7-25 效果图 图 4-7-26 效果图

（三）船舶概念设计（图4-7-27至图4-7-37）

在船舶设计中，要事先了解设计对象的性能（航速、稳性、排水速度）、结构、规格（艇体长度、宽度、排水量）、型式（圆艏型、尖艏型、混合型）、材质、使用条件、技术经济指标等信息，基于设计需求（安全性需求、舒适性需求、机械性能需求、功能性需求、造型需求、设计风格需求和附加服务需求）进行概念设计。

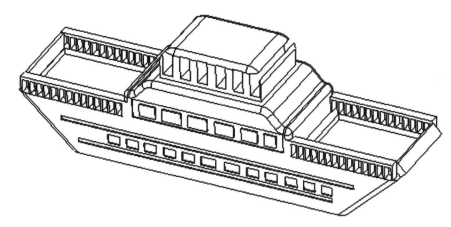

图 4-7-27　效果图

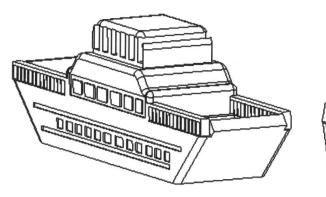

图 4-7-28　效果图

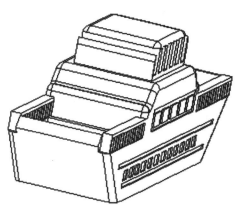

图 4-7-29　效果图

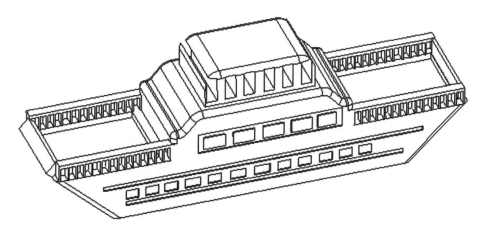

图 4-7-30　效果图

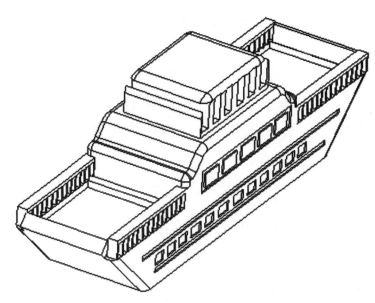

图 4-7-31　效果图

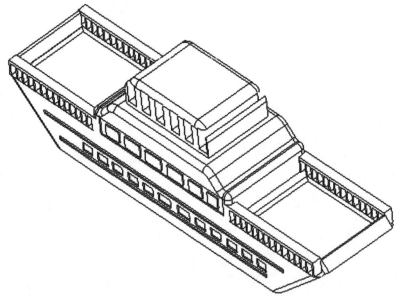

图 4-7-32　效果图

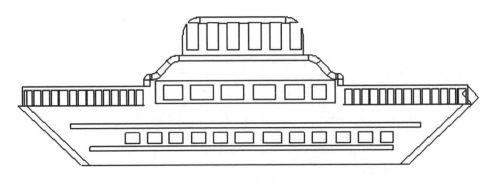

图 4-7-33　效果图

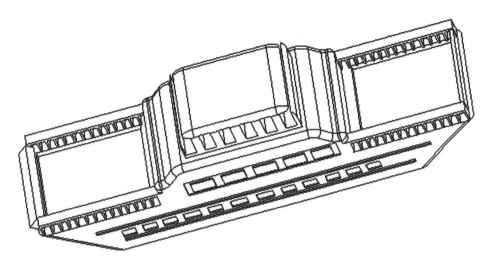

图 4-7-34　效果图

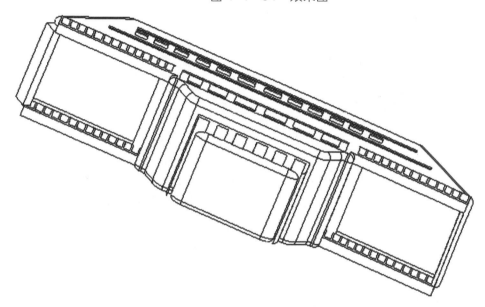

图 4-7-35　效果图

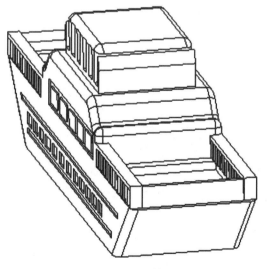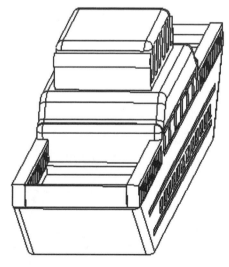

图 4-7-36　效果图　　　　　　　图 4-7-37　效果图

（四）飞机概念设计（图4-7-38至图4-7-52）

在飞机概念设计中，不仅要考虑美观性，还要考虑结构特性（稳定性、气动、强度）、材料选择（耐久性、热特性）等。

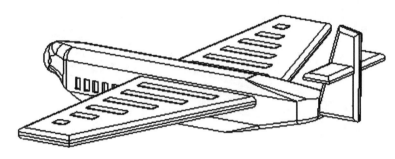

图4-7-38　效果图

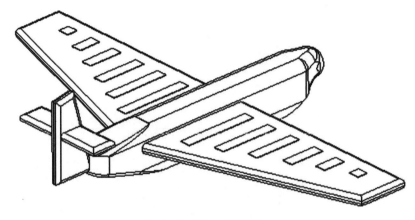

图4-7-39　效果图

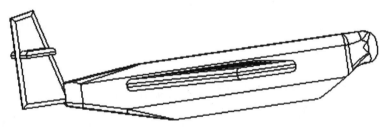

图4-7-40　效果图

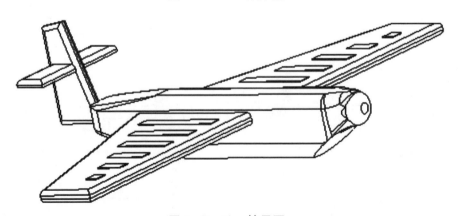

图4-7-41　效果图

图 4-7-42 效果图

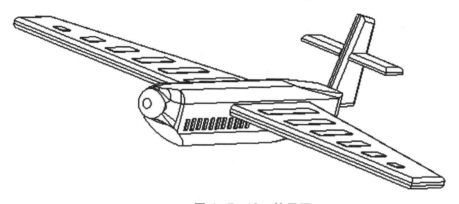

图 4-7-43 效果图

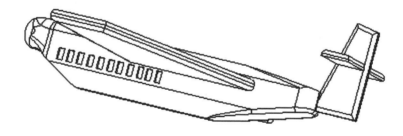

图 4-7-44 效果图

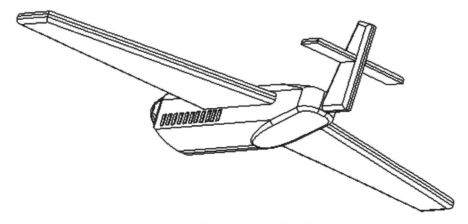

图 4-7-45 效果图

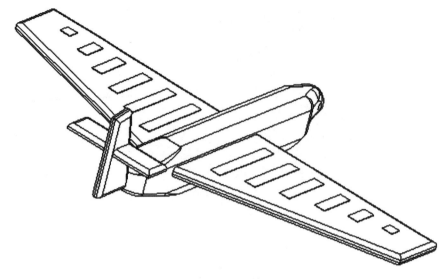

图 4-7-46　效果图

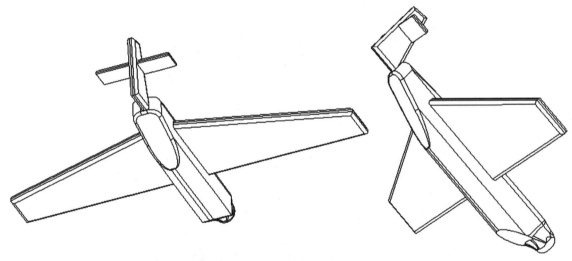

图 4-7-47　效果图　　　　　　　　　图 4-7-48　效果图

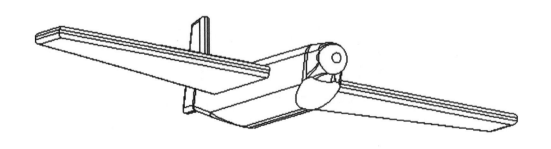

图 4-7-49　效果图

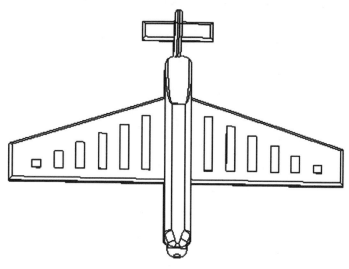

图 4-7-50 效果图

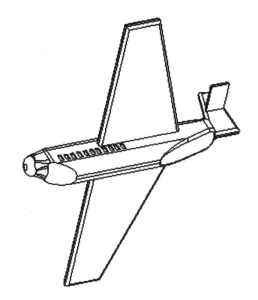

图 4-7-51 效果图

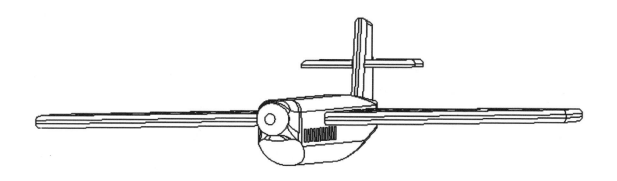

图 4-7-52 效果图

（五）太空飞行器概念设计（图4-7-53至图4-7-66）

在设计太空飞行器概念时，需要考虑其性能要点（如起飞速度、巡航速度）、结构要点（如机身、机翼、尾翼）等。

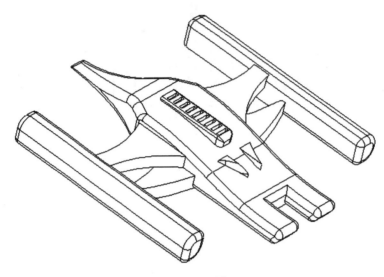

图4-7-53　效果图

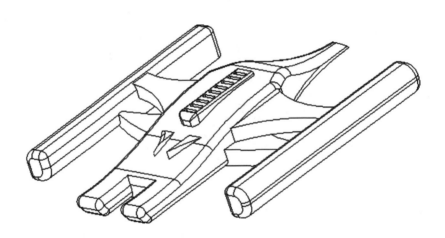

图4-7-54　效果图

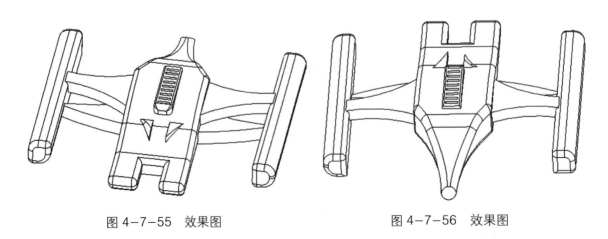

图4-7-55　效果图　　　　　　　　图4-7-56　效果图

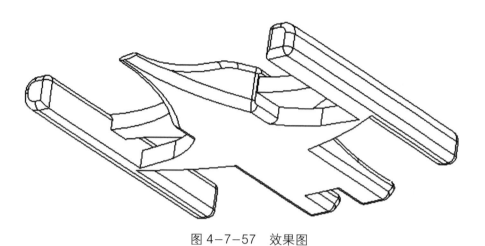

图 4-7-57 效果图

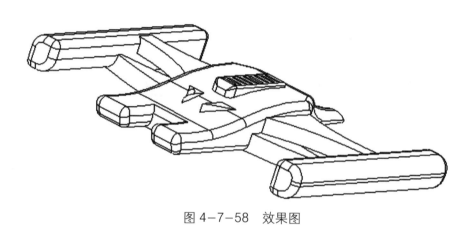

图 4-7-58 效果图

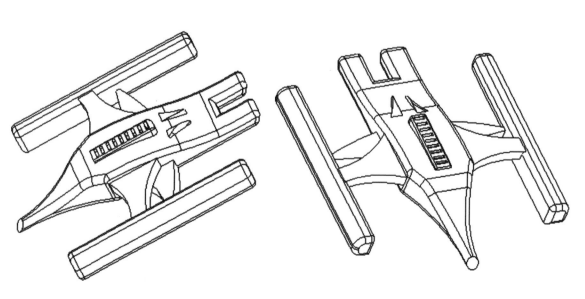

图 4-7-59 效果图 图 4-7-60 效果图

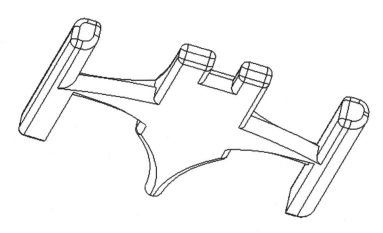

图 4-7-61 效果图

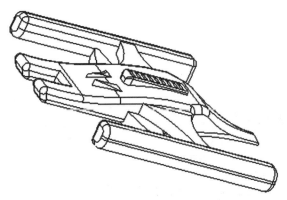

图 4-7-62 效果图

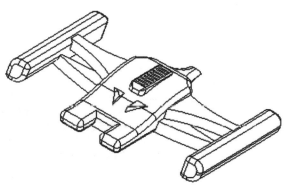

图 4-7-63 效果图

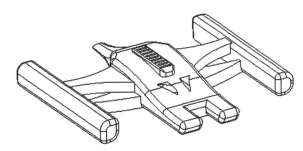

图 4-7-64 效果图

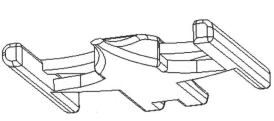

图 4-7-65 效果图

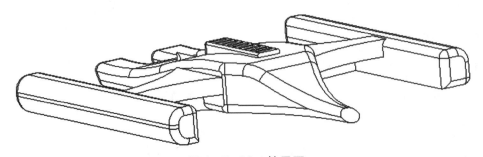

图 4-7-66 效果图

八、小型机器设计

（一）数控机床设计（图4-8-1至图4-8-7）

数控机床是数字控制机床的简称，是一种预装程序控制系统的自动化机床。它以加工精度高、加工质量稳定、高效柔性等优势被广泛应用于制造、信息、医疗等领域，是一种代表现代化集成制造技术发展方向的机电一体化产品。

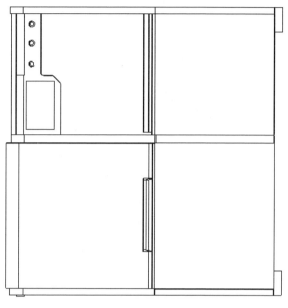

图4-8-1　前视图

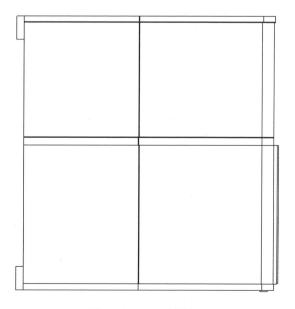

图4-8-2　后视图

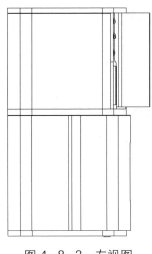

图 4-8-3　左视图

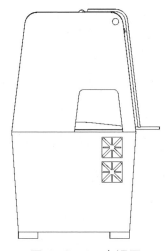

图 4-8-4　右视图

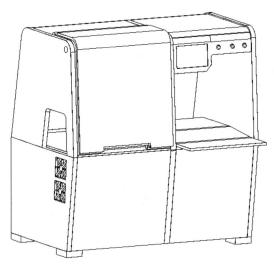

图 4-8-5　效果图

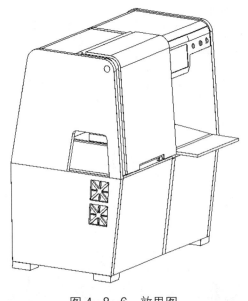

图 4-8-6　效果图

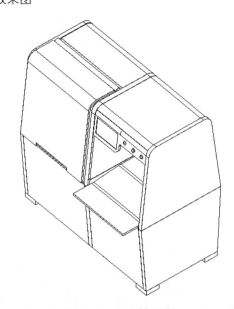

图 4-8-7　效果图

（二）卡式炉设计（图 4-8-8 至图 4-8-19）

卡式炉是一种可定时调节火力的户外铁板烧炉具，可定时调节火力大小，设计时应考虑其自动化和智能化程度、性能指标、节能环保、安全使用等。

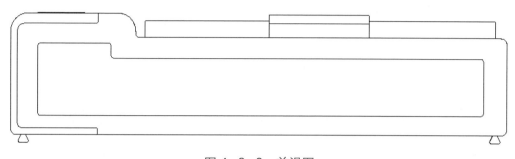

图 4-8-8　前视图

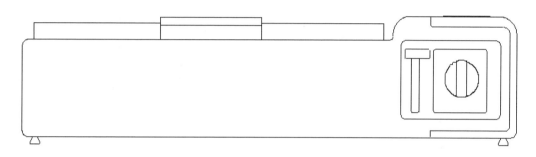

图 4-8-9　后视图

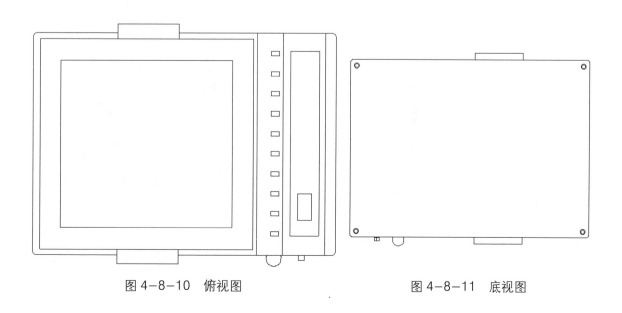

图 4-8-10　俯视图　　　　　　　　　　图 4-8-11　底视图

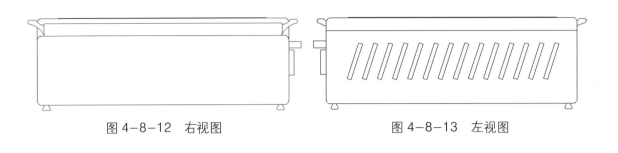

图 4-8-12　右视图　　　　　　　图 4-8-13　左视图

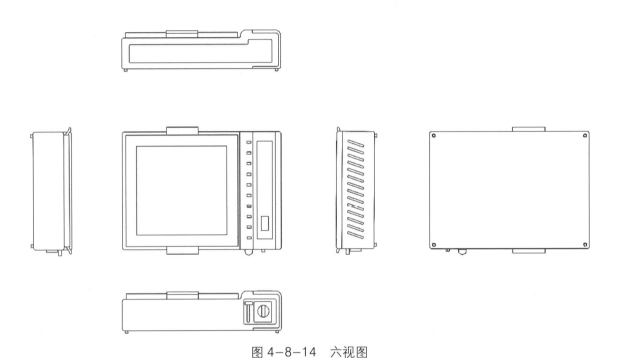

图 4-8-14　六视图

图 4-8-15　效果图　　　　　　　图 4-8-16　效果图

图 4-8-17 效果图

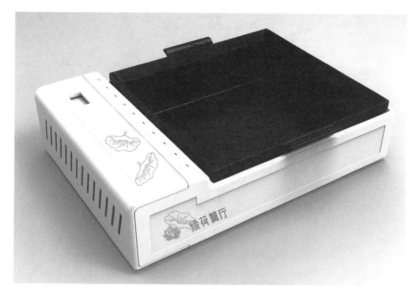

图 4-8-18 效果图

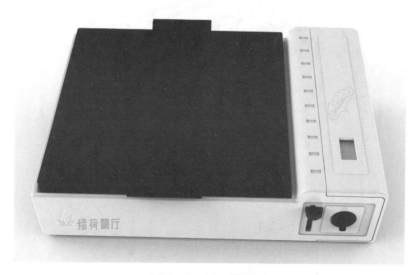

图 4-8-19 效果图

（三）烘衣机设计（图4-8-20至图4-8-51）

烘衣机又称家用型简易干衣机，主体由支架、主机和外罩组成，是清洁类家用电器，可利用电加热使湿衣物中的水分快速蒸发。

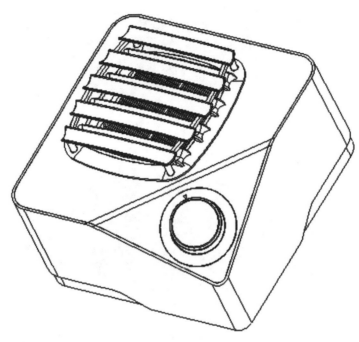

图4-8-20　效果图

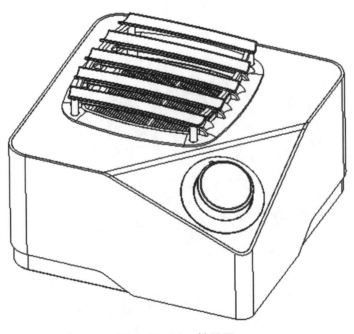

图4-8-21　效果图

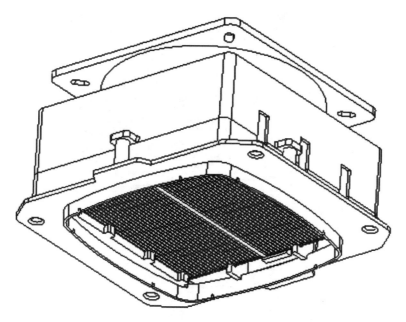

图 4-8-22 内部结构

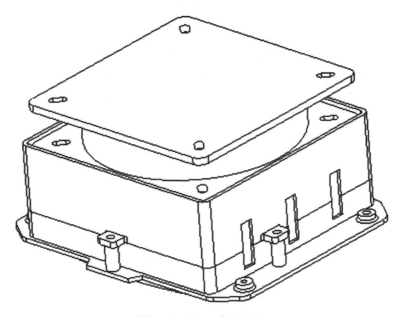

图 4-8-23 内部结构

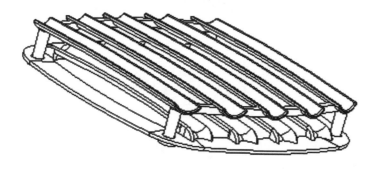

图 4-8-24 细节图

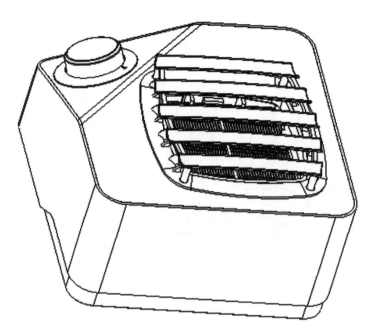

图 4-8-25　效果图

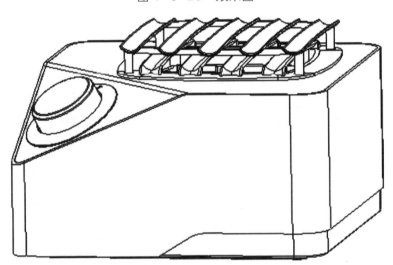

图 4-8-26　效果图

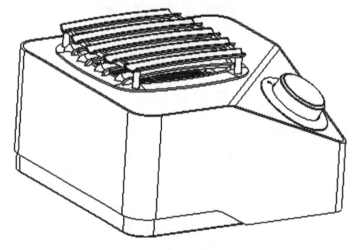

图 4-8-27　效果图

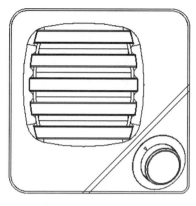

图 4-8-28 顶视图

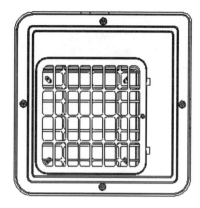

图 4-8-29 底视图

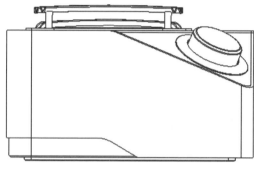

图 4-8-30 前视图

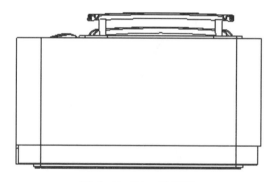

图 4-8-31 后视图

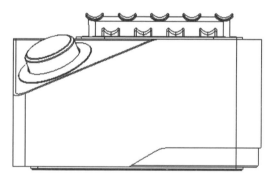

图 4-8-32 右视图

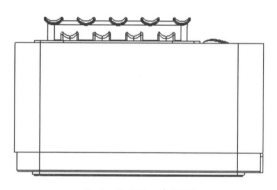

图 4-8-33 左视图

图 4-8-34 效果图

图 4-8-35 效果图

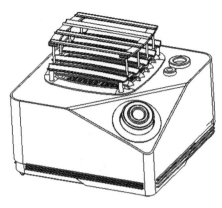

图 4-8-36 效果图

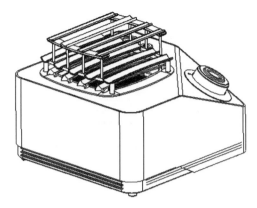

图 4-8-37 效果图

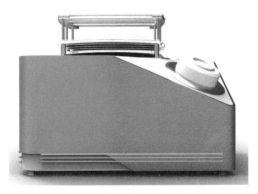

图 4-8-38 效果图

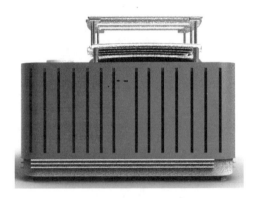

图 4-8-39 效果图

图 4-8-40 效果图

图 4-8-41 效果图

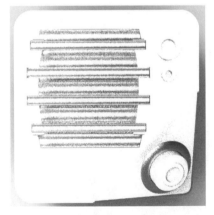

图 4-8-42 效果图

图 4-8-43 效果图

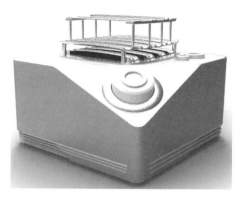

图 4-8-44 效果图

图 4-8-45 效果图

图 4-8-46 效果图

图 4-8-47 效果图

图 4-8-48 效果图

图 4-8-49 效果图

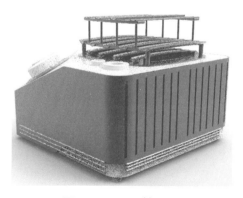

图 4-8-50 效果图

图 4-8-51 效果图

（四）馒头机设计（图4-8-52至图4-8-61）

馒头机是一款行业创新型小家电产品，主要用于生产各种馒头，具有清洁卫生、工作效率高的特点，可供食堂、个体经营户使用。

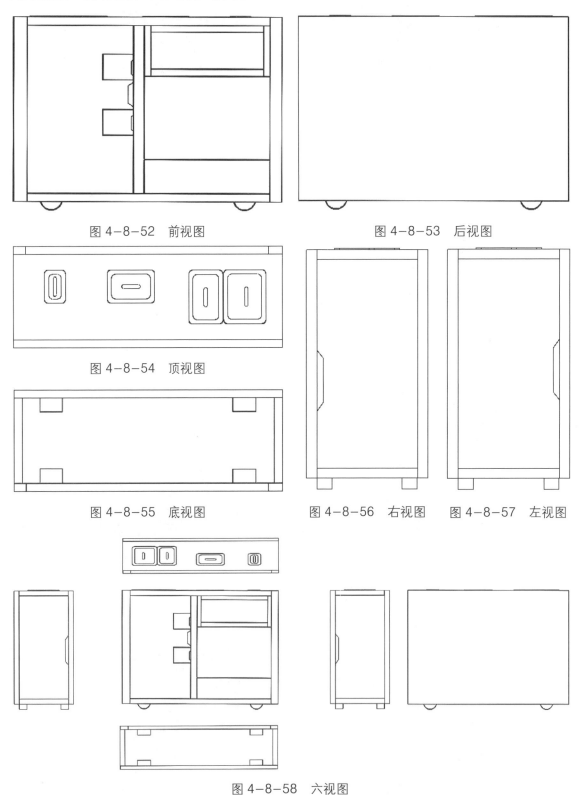

图4-8-52　前视图　　　　　　　　　　图4-8-53　后视图

图4-8-54　顶视图

图4-8-55　底视图　　　　图4-8-56　右视图　　　图4-8-57　左视图

图4-8-58　六视图

图 4-8-59 效果图

图 4-8-60 效果图

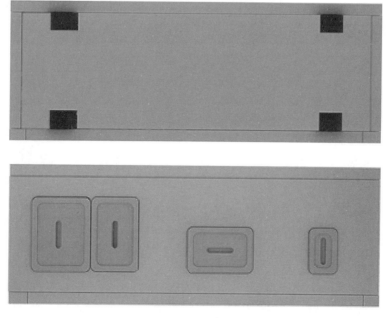

图 4-8-61 效果图

（五）开水器设计（图4-8-62至图4-8-69）

开水器是一种饮水设备，通过将电能或化学能转化为热能来加热，具有节能、安全、环保无污染的优点，可使开水供应不分时段，且带有智能温控系统。

图4-8-62　正视图

图4-8-63　后视图

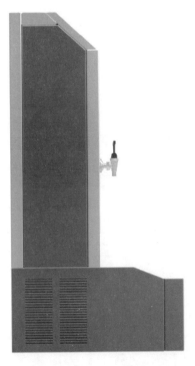

图4-8-64　左视图

图4-8-65　右视图

图 4-8-66　顶视图

图 4-8-67　底视图

图 4-8-68　细节图

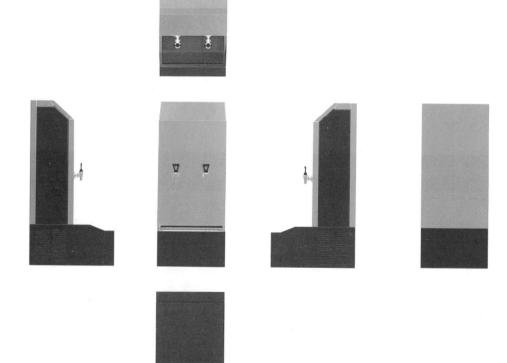

图 4-8-69　六视图

（六）压面机设计（图4-8-70至图4-8-74）

压面机是一种食品器械，包括工业用大中型压面机和家用小型压面机。压面机可代替传统手工揉面，给生产生活带来便利。这款压面机可用于面条、云吞皮、面点等面食的制作，适合家庭宾馆、饭店、食堂或个体工商户使用。

图4-8-70　效果图

图4-8-71　效果图

图4-8-72　效果图

图4-8-73　效果图

图 4-8-74　效果图

九、其他产品设计

（一）水杯设计（图4-9-1）

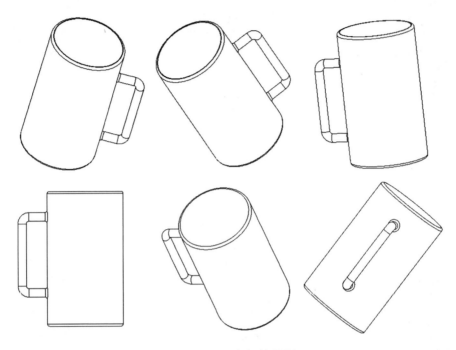

图4-9-1　水杯效果图

（二）高脚杯设计（图4-9-2）

图4-9-2　高脚杯效果图

（三）水瓶设计（图4-9-3）

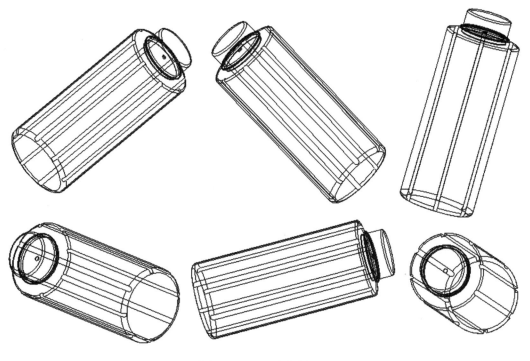

图4-9-3　水瓶效果图

（四）水壶设计（图4-9-4）

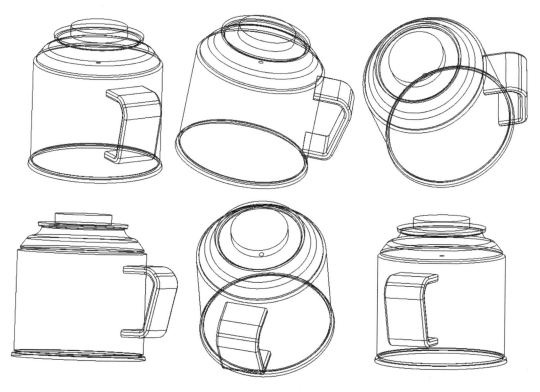

图4-9-4　水壶效果图

（五）信箱设计（图4-9-5）

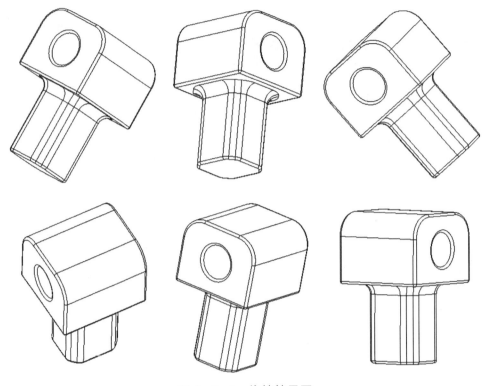

图4-9-5　信箱效果图

（六）收纳盒设计（图4-9-6）

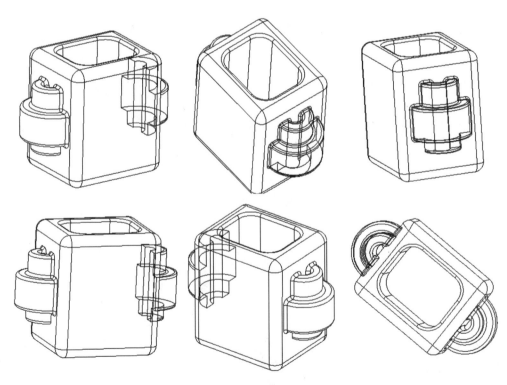

图4-9-6　收纳盒效果图

（七）垃圾箱设计（图4-9-7）

图 4-9-7　垃圾箱效果图

（八）玩具设计（图4-9-8）

图 4-9-8　玩具效果图

（九）模具设计（图4-9-9）

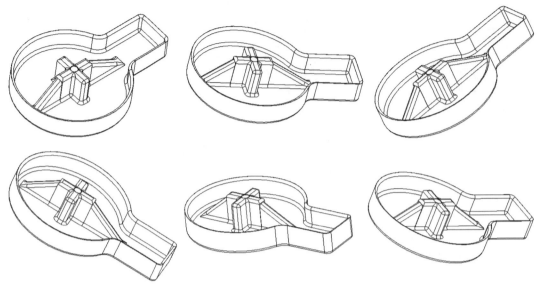

图4-9-9　模具效果图

（十）公共座椅设计（图4-9-10）

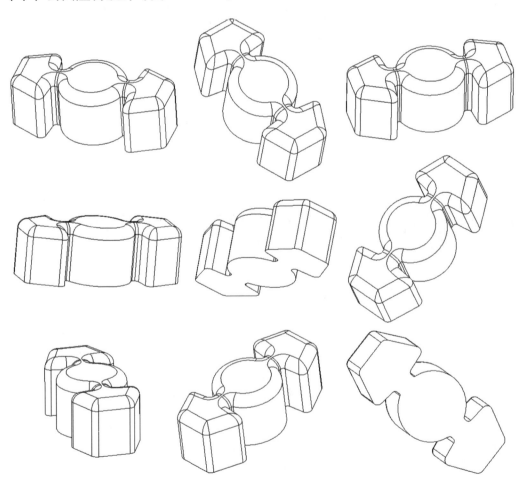

图4-9-10　公共座椅效果图

（十一）文具尺设计（图4-9-11）

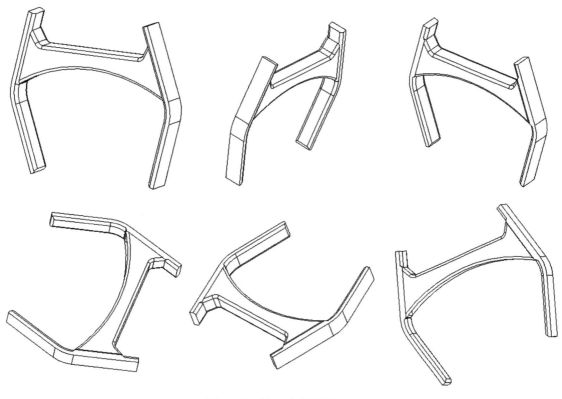

图 4-9-11　文具尺效果图

（十二）游戏机设计（图4-9-12）

图 4-9-12　游戏机效果图

（十三）文具夹设计（图4-9-13）

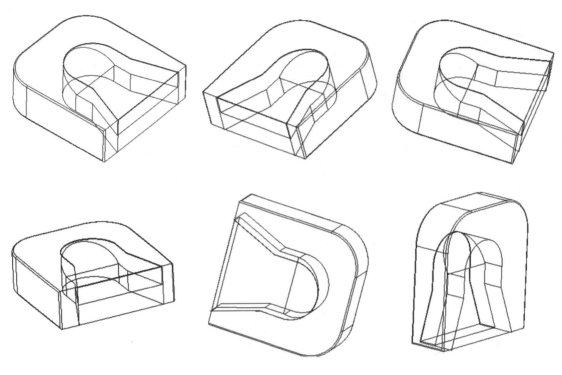

图4-9-13　文具夹效果图

（十四）矮凳设计（图4-9-14）

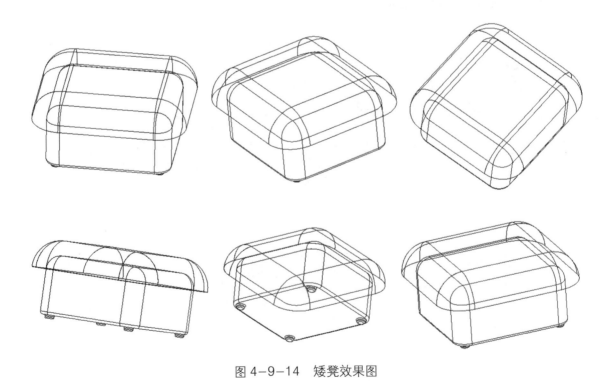

图4-9-14　矮凳效果图

（十五）射灯设计（图4-9-15）

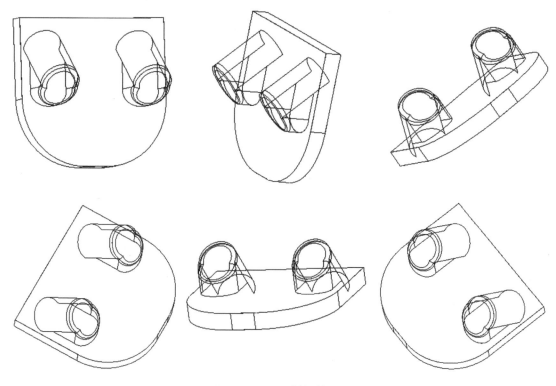

图4-9-15　射灯效果图

（十六）花瓣造型灯具设计（图4-9-16）

图4-9-16　花瓣造型灯具效果图

（十七）纽扣设计（图4-9-17）

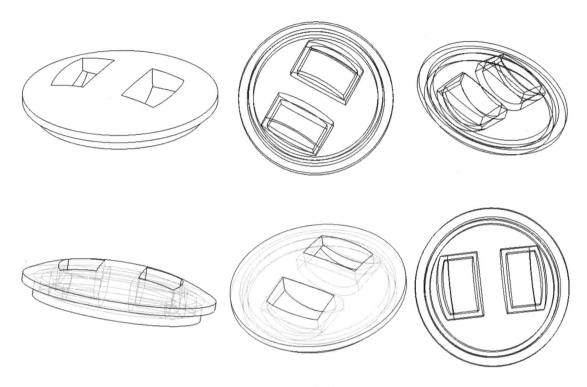

图4-9-17　纽扣效果图

（十八）餐具设计（图4-9-18）

图4-9-18　餐具效果图

（十九）烛台设计（图 4-9-19）

图 4-9-19　烛台效果图

（二十）花瓶设计（图 4-9-20）

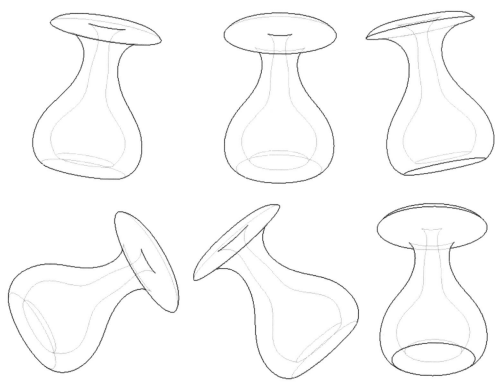

图 4-9-20　花瓶效果图

（二十一）漏斗设计（图4-9-21）

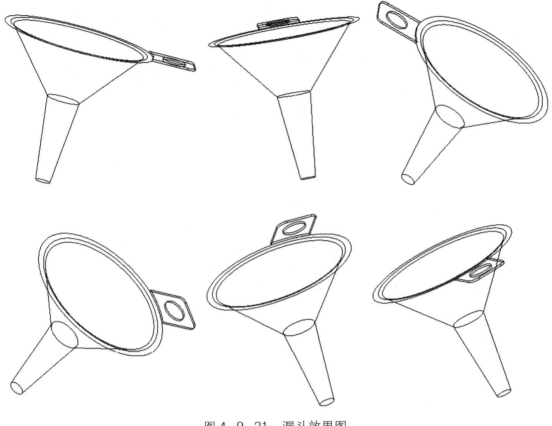

图4-9-21　漏斗效果图

（二十二）灯罩设计（图4-9-22）

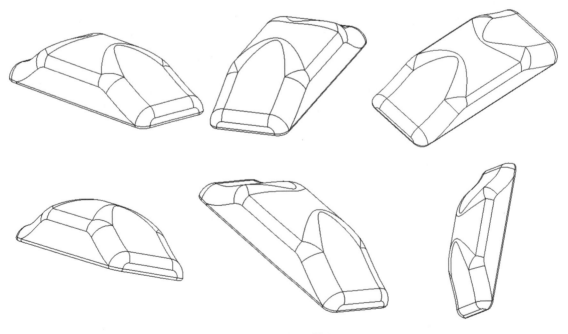

图4-9-22　灯罩效果图

（二十三）糕点模具设计（图4-9-23）

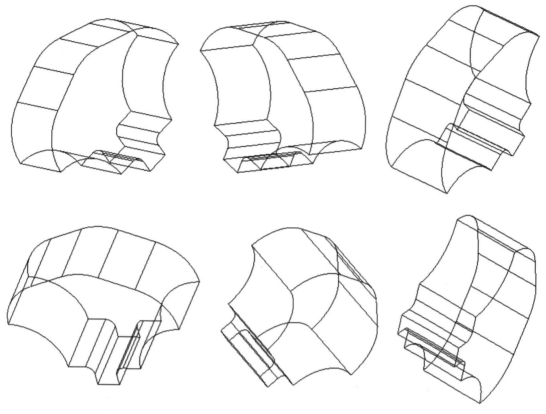

图4-9-23　糕点模具效果图

　　上述作品仅仅是包罗万象、千姿百态的工业产品世界中的冰山一角。随着社会的发展和科技的进步，工业产品设计正在朝着人性化、系统化、人性化方向发展。工业产品的外观、结构、功能、交互、电子设计等多方优化整合，会为工业产品带来更加系统化、专业化的创新设计。

作品清单

一、9 类产品设计

1. 家具产品

2. 收纳产品

3. 家居产品

4. 厨具产品

5. 学习用品

6. 玩具产品

7. 交通工具产品

8. 小型机器

9. 其他产品

二、46 个典型产品案例（附图共 429 张）

1. 多功能书柜设计（附图 9 张）

2. 母子椅设计（附图 8 张）

3. 多功能摇椅设计（附图 8 张）

4. 多功能棋桌设计（附图 8 张）

5. 多功能座椅床设计（附图 15 张）

6. 小熊造型包装瓶设计（附图 2 张）

7. 青蛙造型墨水盒设计（附图 2 张）

8. 兔子造型储物盒设计（附图 3 张）

9. 厨房调料收纳盒设计（附图 13 张）

10. 磁吸式桌面子母收纳套盒设计（附图 11 张）

11. 双出水口节水水龙头设计（附图 8 张）

12. 螺丝刀设计（附图 8 张）

13. 多功能双层旋转刀具设计（附图 7 张）

14. 手表设计（附图 2 张）

15. 企鹅形调味瓶设计（附图 9 张）

16. 按摩梳设计（附图 7 张）

17. 智能测温杯设计（附图 7 张）

18. 苍蝇拍设计（附图 6 张）

19. 带支架手机壳设计（附图 9 张）

20. 多功能车载电子点烟器设计（附图 8 张）

21. 擀面杖设计（附图 6 张）

22. 空气炸锅外观设计（附图 13 张）

23. 调料勺设计（附图 9 张）

24. 折叠砧板设计（附图 6 张）

25. 多功能餐勺设计（附图 9 张）

26. 直尺设计（附图 8 张）

27. 多功能剪刀设计（附图 8 张）

28. 多功能书签设计（附图 7 张）

29. 触控签字笔设计（附图 10 张）

30. 可折叠台灯设计（附图 15 张）

31. 篮球架设计（附图 10 张）

32. 儿童玩具车设计（附图 13 张）

33. 儿童滑板车设计（附图 9 张）

34. 儿童滑行车设计（附图 8 张）

35. 儿童摇摇车设计（附图 8 张）

36. 大中型客车概念设计（附图 13 张）

37. 越野车概念设计（附图 13 张）

38. 船舶概念设计（附图 11 张）

39. 飞机概念设计（附图 15 张）

40. 太空飞行器概念设计（附图 14 张）

41. 数控机床设计（附图 7 张）

42. 卡式炉设计（附图 12 张）

43. 烘衣机设计（附图 32 张）

44. 馒头机设计（附图 10 张）

45. 开水器设计（附图 8 张）

46. 压面机设计（附图 5 张）

三、23 个其他产品案例（附图共 141 张）

1. 水杯设计（附图 6 张）

2. 高脚杯设计（附图 6 张）

3. 水瓶设计（附图 6 张）

4. 水壶设计（附图 6 张）

5. 信箱设计（附图 6 张）

6. 收纳盒设计（附图 6 张）

7. 垃圾箱设计（附图 6 张）

8. 玩具设计（附图 6 张）

9. 模具设计（附图 6 张）

10. 公共座椅设计（附图 9 张）

11. 文具尺设计（附图 6 张）

12. 游戏机设计（附图 6 张）

13. 文具夹设计（附图 6 张）

14. 矮凳设计（附图 6 张）

15. 射灯设计（附图 6 张）

16. 花瓣造型灯具设计（附图 6 张）

17. 纽扣设计（附图 6 张）

18. 餐具设计（附图 6 张）

19. 烛台设计（附图 6 张）

20. 花瓶设计（附图 6 张）

21. 漏斗设计（附图 6 张）

22. 灯罩设计（附图 6 张）

23. 糕点模具设计（附图 6 张）